原来这就是B型人格

那些自恋、善变、边缘、冷酷的人在想什么

陈俊钦 著

中国青年出版社
CHINA YOUTH PRESS

图书在版编目(CIP)数据

原来这就是B型人格：那些自恋、善变、边缘、冷酷的人在想什么／陈俊钦著
—北京：中国青年出版社，2021. 1
ISBN 978-7-5153-6148-2
Ⅰ.①原… Ⅱ.①陈… Ⅲ.①人格心理学 Ⅳ.①B848
中国版本图书馆CIP数据核字（2020）第229126号

原来这就是B型人格：那些自恋、善变、边缘、冷酷的人在想什么

作　　者：陈俊钦
责任编辑：肖　佳
文字编辑：岳明园　张祎琳
美术编辑：杜雨萃
出　　版：中国青年出版社
发　　行：北京中青文文化传媒有限公司
电　　话：010-65511270／65516873
公司网址：www.cyb.com.cn
购书网址：zqwts.tmall.com
印　　刷：北京诚信伟业印刷有限公司
版　　次：2021年1月第1版
印　　次：2021年1月第1次印刷
开　　本：880×1230　1／32
字　　数：121千字
印　　张：5.75
京权图字：01-2020-2502
书　　号：ISBN 978-7-5153-6148-2
定　　价：39.90元

CONTENTS
目 录

作者序 —— **007**
释放锁在黑暗里的痛苦

第 1 章 —— **011**
关于人格

性格决定命运 / 012
定义与类型化 / 017
为什么要专注于 B 型人格 / 021

第 2 章 —— **029**
B 型人格的内心世界

B 型人格的轮廓 / 030
B 型人格的基本架构 / 032
失控的情绪 / 036
眼里全是自己 / 041
一切随时会幻灭 / 044
行动就是救赎 / 047
真实与虚幻只在一线之隔 / 051

孤独只是我的身影 / 054
病态人格不等式 / 056

第 3 章 059
孤独的神祇 | 自恋型人格
典型自恋型人格障碍 / 060
非典型自恋型人格障碍 / 064
自恋型人格倾向 / 068
自恋型人格障碍诊断标准 / 074

第 4 章 075
找不到自己脸孔的演员 | 表演型人格
表演型人格障碍 / 078
表演型人格倾向 / 083
表演型人格障碍诊断标准 / 091

第 5 章 093
看似“可教化”的常态犯罪者 | 反社会型人格
反社会型人格障碍 / 095
反社会型人格倾向 / 100
反社会型人格障碍诊断标准 / 104

第 6 章 107
真实与虚幻之间的怨灵 | 边缘型人格
边缘型人格障碍 / 108
边缘型人格倾向 / 116
边缘型人格障碍诊断标准 / 118

第 7 章 —— 121
如果我就是 B 型人格者，该怎么办
B 型人格有几种族群 / 122
B 型人格特质的处理原则 / 126
我怀疑自己有自恋型人格倾向，该怎么办 / 130
我怀疑自己有表演型人格倾向，该怎么办 / 134
我怀疑自己有反社会型人格倾向，该怎么办 / 138
万一我有边缘型人格障碍，该怎么办 / 141
万一我有反社会型人格障碍，该怎么办 / 146
万一我有自恋型 / 表演型人格障碍，该怎么办 / 146

第 8 章 —— 149
我该如何协助身边的 B 型人格者
如果亲朋好友有 B 型人格，我该怎么办 / 150
如果亲朋好友有自恋型人格倾向，我该怎么办 / 151
如果亲朋好友有表演型人格倾向，我该怎么办 / 155
如果亲朋好友有反社会型人格倾向，我该怎么办 / 159
万一亲朋好友有边缘型人格障碍，我该怎么办 / 163
万一伴侣有边缘型人格障碍，我该怎么办 / 168
万一亲朋好友有反社会型人格障碍，我该怎么办 / 171
万一亲朋好友有表演型人格障碍，我该怎么办 / 172
万一亲朋好友有自恋型人格障碍，我该怎么办 / 176

后 记 —— 181
B 型人格的生命课题

作者序

释放锁在黑暗里的痛苦

B型人格者可谓集所有矛盾于一身：他们看似关心别人，其实在意的是别人眼中的自己；看似社交圈中翩翩飞舞的花蝴蝶，却暗自为没有朋友而孤独难过；当灾难来临，众人慌张失措时，他们可能挺身而出，用乐观积极的言行带领大家渡过难关；但等到危机解除，人们的脸上重现笑容，言语中再次有了自信时，他们反而胆怯畏缩起来，与先前判若两人。多变、易变、说变就变，难以预测、情绪化，讲起话来头头是道、态度浮夸、无法捉摸，实际上能做到的却很少，行为前后不一致，是人们经常给B型人格者的评语。在相处上，B型人格的人通常颇为亲切，并不难接近，但交往久了就会发现：彼此之间仿佛有条无形的鸿沟，怎么样也无法更接近，难以深交。正所谓相交满天下，知己无一人，长期的孤独感是B型人格的特点之一。

B型人格者的生命际遇差异极大，最广义的B型人格者接近人口总数的20%，其中，平凡者居多，你身边应该有人就是——也许你自己就是；只有少数的B型人格者特质会变得很强烈，甚至达到病态（人格障碍）的地步，此时，他们的人生经历就会趋于大好与大坏的两极，在政界、演艺、传播、营销、艺术、创业、证券投资、宗教、八大行业[①]与黑道等，都不难见到他们的身影，有人得意，有人落魄，在被众人膜拜与唾弃之间摇摆，甚至在事业巅峰时走上绝路也不奇怪。

然而，对于B型人格这种如此色彩鲜明、影响深远的人格特质，大众对它的了解却相对有限，即便是专业人士，也未必能正确辨认出来。在我多年执业的过程中，就常常听到家属如此哭诉——

我真不知道她得的是什么病，我只知道她每天回家见人就骂，多问几句也骂，再问下去就说她要去死。我们也不敢多说什么，因为医生说她有抑郁症，她也在吃药，吃七八年了，没什么起色。每天通宵上网，日夜颠倒，三更半夜还肆无忌惮地跟网友大声聊天；三天两头，跟人家闹翻了，生起气来就割自己的手。我看得心疼，她却说她一点都不痛，就是故意要割给我看。我最近越来越觉得活着很没意思，但死了又很不甘心——医生，我女儿的抑郁症有可能会好吗？

每当听到心力交瘁的家属说出这种话，我总是百感交集：因为从转述的信息来分析，当事人的问题可能是“B型人格障碍”——那是一种B型人格衍生的疾病（人格也是会生病的），跟抑郁症不一样。然而，在大众对“B型人格”知之甚少的今天，“B型人格”相关问题普遍被视而不见，结果就是：不管是轻微的“B型人格倾向”者，还是严重的“B型人格障碍”者，即便自己内心强烈痛苦，或是家人极度困扰，也没人知道发生了什么事，更不知道该向谁求助。大多数B型人格者被当

① 中国台湾传统的八大行业指的是视听歌唱业、理发业、温暖业（桑拿浴）、舞厅业、舞场业、酒家业、酒吧业、特种咖啡茶室业等八大行业。——编者注

成抑郁症患者来治疗，吃了一堆不见得有必要吃的抗抑郁药，“人格问题”当然不会好，“病情”还是没有改善，家属也只好咬紧牙关，继续容忍这位看起来不像病人的“病人”宣称自己“有病”，把身旁关心他的亲友折磨到重度抑郁发作。

另外，为数更多、人格特质并未偏差到疾病程度的B型人格倾向者，他们在社会上占有更高的比例。尽管不至于酿出大乱子，然而，因为独特的思维方式，他们在社会中往往不被了解，甚至被污名化，被认为是自私的、功利主义的、不值得信任的、情绪化的。

尽管他们能建立人际关系，却很难交到真正的知己；在主观认知上，他们总是自觉对别人付出很多，别人却不愿意做出相等的回馈；长期以来，他们总是苦于孤独与不被了解，独自面对自己容易失控的情绪，不断想通过行动来减轻自己的焦虑，效果却极为有限。

我为这一类型的咨询者提供帮助近二十年，对于B型人格者难以言喻的痛苦感同身受，很希望能通过笔墨，将这群人从不被了解的困境里释放出来，给他们一个解决问题的具体通道。

然而，要将一个集所有矛盾于一身的人格特质描绘出来，岂是易事？光是在人格特征的勾勒上，我就遇到了极大的问题：如果没有严谨的精神病理学知识作为基础，光用通俗的语言来描绘，就会出现诸如“B型人格者通常非常自私，却又非常乐于助人……”之类的矛盾叙述。

从上一本《黑羊效应》出版之后，这五年来，我一直构思着本书的撰写方式。最后，我决定采用全世界精神医学界公认最权威的诊断法则DSM-5（美国精神医学学会发行的第五版《精神疾病诊断及统计手册》）中的人格障碍诊断分类对于B型人格的定义为学术根据，再以我多年的临床经验与通俗文字为之解释，同时附上大量的实践经验与个案现身说法。终于在今年我完成了本书。

希望通过本书，能将轻微也好、严重也好的许许多多B型人格者，从“不被了解、孤独寂寞沮丧难过，吃了再多药却不见好，成天被身旁亲友怀疑自己是不是在装病”的痛苦深渊中解救出来，还他们以清白，并提供解决问题的具体方法：处理自身人格与主流社会的冲突（见本书后述）。如果真能做到这点，本书的目的就达到了。

此外，书中所有当事人的现身说法，均谨守心理咨询伦理规则，双重保密如下：

一、匿名。

二、多个个案故事混编重写，去除可供辨识的人事地特征与线索。

第1章

关于人格

性格决定命运

一位来访者来寻求帮助。她的主要问题是感情。“我在经营感情上花费的心血最多，然而在感情上也失败得最彻底。别人在意的学业、友谊、事业、成就等，对我而言，从来就不是问题。别人看我，总羡慕我光鲜亮丽，一路走来平平顺顺，都说我是人生赢家，但他们却没看见我那一次又一次伤透了心的失败恋情……”

女子开始啜泣。过了一会儿，她拭干泪，收敛情绪。“刚刚不好意思。从上周开始，我就很爱哭。当我告诉他，我已经上吐下泻一整天，便中还有血的时候，他竟然还继续打游戏，连看我一眼也没有。我自己挂了急诊，自己签字；没有病床，就自己拿着点滴袋站在医院过道上。人来人往，旁边的病人都是全家总动员，嘘寒问暖，只有我孤零零的一个。我不明白：我对他这么好，他怎么可以冷血到这种程度？”

“如果你没跟他在一起，他会怎样？”我问。

“我保证他根本找不到对象！要长相没长相，要钱没钱，人又不体贴，没有女人会要他。但我就是不知道哪根筋不对，一直想去找他、为他做牛做马，却一句感谢的话也得不到。”

“你买过股票吗？”我正色问。

女子愣了一下，点点头。

“如果你买了一只股票，没过多久，从五十元涨到一千元，你会怎么做？”

“应该会赶紧卖掉吧？当然要赶快获利了结，免得又跌下去。”

“如果反过来，买进的时候是一千元，结果天天跌停板，掉到五十元，你会卖吗？”

“我的心会很痛，但会撑着不卖；反正都赔那么多了，再赔也是那些……”女子想了想，“你是说：我现在的男友就像下跌的股票，而我不愿意认赔？”

“是的。你不但不认赔，还加码摊平：对他更好，付出更多，连他爸妈吵架也找你当和事佬。因为你已经赔了三年的青春，再赔也是那样。”

女子愣住了。

“你知道你的人生中，为什么遇不到好男人吗？因为你就像股市里的散户，遇到行情看涨的好男人时，你不但不敢追高，还一涨就赶紧脱手，因为你承担不起跌下来的痛。而没人要的渣男，你却勇于承接，套牢之后，还不肯认赔。”

“你的意思是，并非我运气不好，而是我选择避开好男人，专挑没人要的渣男？”女子惊讶极了，“为什么我要这么做？”

“这是你人格特质的一部分。你无法忍受‘得而复失’的感觉，而每个好男人都会激起你的强烈恐惧：不知道何时会失去他。就像股票上涨，你反而会想脱手，免得天天担心大好行情不知何时会不告而别；反之，对于那些没钱没貌、不积极、不温柔、不体贴、没有责任感的渣男，因为你本来就没有期待，也不怕受伤害，更因为自忖对方条件不好，反而让你觉得有安全感：反正没有人跟你抢，万一有人要，你的难过也不会那么深！”

女子愣愣地看着我。“好像有这种可能。一旦有人对我太好，我真的会觉得很不舒服，会心慌，很想报答对方。当不知道该怎么报答时，我就会想找各种理由结束这段关系。”

“你一直埋怨自己的命运。当然你也可以去找算命大师花大钱、改那个不知道有用没用的运。然而，真相恐怕是，你的人格扭曲了你的认知，让你总是选择那些容易失败的感情，最后，你果真每次都失败。由于你对自己的人格特质从来都没有清晰的认识，更谈不上改变，所以相同的行为模式会一再发生：越是努力，失败的次数就越多。为什么你读了那么多有关感情的书，却派不上用场？因为你的人格特质跟作者不一样。早在你开始第一场恋爱前，潜意识中对于‘得而复失’的过度恐惧，就已经决定了后来每次感情的失败。”

这绝非个案。我们都活在自己人格所塑造的命运里，却对此一无所知：对于生命故事中的成功与失败、一路顺风与崎岖难行、峰回路转与飞来横祸，我们倾向归因于大环境的改变、自己的努力与付出、贵人相助、命运使然，却很少有人会注意到内心深处那个对一切都有影响力的“人格特质”。

想象一下，每当高速公路发生重大车祸，无论是警方、记者，还是电视机前的你，直觉反应就是将它归类为“意外事件”。然而，如果进一步深思：什么人格特质的人，在高速公路上会因为受不了后方闪灯而心浮气躁、开始加速？若非他的性格如此，也就不会想尝试从大货车后方快速切换到外车道，却因此撞上视野死角的前车，导致车毁人亡。后方驾驶员如果是另一种人格特质的人，或许在看见这一幕飞车惊魂时，就会先行减速退让，不至于刹车不及，追尾撞成一团。甚至，那辆“倒霉”的前车驾驶员如果换个人格特质，也许根本不敢跟这么庞大的货车并行驾驶那么久，早就选择让货车先行，也就不会被追尾了。

当这一切不幸概率凑在一起、遇到风险时，我们称之为“意外”，然而，这真的全然是意外吗？我们往往忽略了所有“随机性”中的“必然性”。在这些“必然性”中，人格特质绝对占有相当的比重。简单来说，每位不幸事故参与者的人格特质都让他们置身于某种风险：灾难不是今天发生，就是明天发生；明天不发生，就是后天发生——只要人格特质没变，这场“飞来横祸”早晚有一天会发生，只是时空背景、情节轻重、有惊无险或死伤惨重的区别。

“人格特质”替你选择了思考的逻辑、讲话的语调、动作的气势、对别人话语的反应，也决定了你从求学阶段开始，会被哪一个小团体所接纳，抑或当个独行侠。“人格特质”改变了你的心理素质、对不同事物的抗压性，让你在不同的工作领域里，或是如鱼得水，或是寸步难行。“人格特质”控制着你内心情绪的变化——焦虑、恐惧、兴奋、喜悦，让你或是在爱情的路上，勇敢地投向真爱的怀抱，或是不断逃避正确的人，却老是爱上不该爱的人。当你想在事业上有所发展或创业时，“人格特质”让你对那些想利用你的人或是骗子产生莫名的好感，却对能让你发迹的机会戒慎恐惧，犹豫再三。

“来找我们的，很多都是出国留学的硕博士。”一位专门帮人度化“冤亲债主”的“大师”得意扬扬地跟我这个他眼中的“同行”分享多年的心得，“他们读那么多书，却对自己完全不了解。我们说什么，他们就信什么。”

这位“学有专精”的大师说出了现代人的荒谬：我们小心翼翼地检视着自己的行为，分析着大势所趋，为的就是不要再重蹈覆辙。甚至，在我们心灵脆弱的时候，还是免不了听从亲朋好友的建议，找间传说中的宫庙求神问卜，毕竟“宁可信其有，不可信其无”。但是，当我们自以为穷尽了所有方法，仍以最卑微的姿态向命运低头的时候，却万万没想到，命运的主人原来就是藏在我们内心深处，而不被我们认识的“人格特质”。

本书将带你探索所谓的“人格特质”，尤其是一种相当奇特的——说少见，影响力却无所不在；说常见，却又普遍不被了解的“B型人格”。在社会中，凡带有“B型人格”的人，均怀着一颗不安定的心、拥有无法停息的灵魂、时刻感受挥之不去的孤独感、经历着有起有落的人生；名满天下与恶名昭彰只在一线之间，有些人还被当成抑郁症或双相情感障碍（躁郁症）患者来看待，但怎么吃药治疗也不会好。由于我们对它的认识普遍不充分，当它蛰伏的时候，极难被发现。说不定，你身旁就存在着这样的人，甚至你自己就是这样的人。

当然，在开始这段旅程前，我们得先从根本讲起，弄清楚什么是“人格特质”。

定义与类型化

老话常说，性格决定命运。倘若这句话中的“性格”指的就是“人格特质”，那么后者可就很值得我们去深究了。

那么，“人格特质”是指什么呢？

心理学上对“人格”的定义众说纷纭，但共通点是指“一个人在面对各种情境时——无论是内在或是外在的——会出现的整套行为模式、认知模式，与情绪模式的总和”。这些模式具有恒常性①，即便时光流转，也不轻易改变；就像指纹一样，每个人有自己独特的人格特质，虽然可以分类，却不会完全相同。

举个例子说明：当主管在会议室中当着全部门同事的面指责你，认为你报告中有个片段错得离谱，把你骂得狗血淋头时，A君可能就此崩溃，在会议室一把鼻涕一把泪，回到座位后，便畏畏缩缩的什么也不敢做，仿佛做什么都会被责备；H君却表现出勇于认错的样子，甚至说了些“感谢主管指正”之类的话，想尽办法讨主管欢心，不过回到办公室后，就把这件事给忘了，继续我行我素；O君当时内心焦虑到极点，外表却强作镇定，回到办公室后，情绪才爆发出来，把所有成果统统删除，即便主管没有意见的部分也一样，全部重头再来一遍。

当时间、空间转换，来到一个全然不同的情境时，这三个人的反应又彻底不同了。以员工旅游为例：大家来到一处农庄，自由活动半

① 恒常性，即稳定性，这个词经常出现在心理学领域。当客观条件在一定范围内改变时，我们的知觉映象在相当程度上却保持着它的稳定性，这就是知觉恒常性。——编者注

小时。周围除了和煦的阳光、一望无际的草原、蓝天白云外，什么都没有。A君可能会很轻松地走在草丛里，悠闲徜徉在这一大片清新绿野中；H君可能觉得非常无聊，完全不知道自己该做什么才好；O君说不定干脆拿出行程表，开始背诵接下来几天要去的每一个景点的地名。

各位不难发现：这三个人各有一套独特的行为模式，面对不同的情境，就会出现不同的行为、认知与情绪。这就是所谓的“人格”。

人格具有相当强烈的稳定性，暗中牵引着我们的情绪、认知与行为，让我们自以为按照意志行事，实际上却被习惯法则所禁锢，犯下早已犯过千百遍的错误，在相同的地方一再跌倒，相信一再出卖自己的人所说的话；然而，人格的稳定性也同样保护着我们，让我们在毫无觉察的状态下做对了某些事，并凭直觉避开一些危险。

人格的存在，让许多成功经验难以复制，许多人会发现：名人传记里的一些隽永故事，搬到现实里却是灾难一场。巴菲特只有一位，索罗斯也只有一位，两人享誉全球，作风却大相径庭，你可以分析他们的一生，记住他们说过的每一句话，模仿他们做过的每一件事。然而，一如指纹、虹膜特征与手掌静脉分布，你没有他们的人格特质，所以，在面对瞬息万变的投资环境时，你仍开启不了他们的财富大门。

遗憾的是，即便人格的影响力深远，人们对于自己“人格特质”的了解程度依然相当有限，多数仍停留在“有趣的心理测验”层面，把人格特质分成优缺点来参考，优点则发扬，缺点则改进。但事实上，人格的影响远远超过多数人的想象。

由于“人格特质”具有强烈的独特性，所以，研究者一般会把具有相似特征的人格加以分类，形成所谓的“人格类型”。然而，一涉及分类，就会有相当程度的主观因素，偏偏心理学上的人格理论众多，不同的学说有不同的分类法则；说得直白一点，就是不同学派的人，可能使用相同的名词，但要表达的意思却截然不同，然后鸡同鸭讲，争得面红耳赤。

为了解决这个问题，美国精神医学学会（APA）制定了一个统一的标准：对于人格特质，只单纯描述，不加以解释；你看见什么，就记录什么，这是人格分类上的一大进步——“现象学基础上的人格分类”。这一标准被写进《精神疾病诊断及统计手册》（第五版）中，为美国、加拿大、澳大利亚、新西兰、欧洲各国所通用，中国台湾的健康保险制度也是依据DSM-5来制定的。

DSM-5“人格分类”部分一共讲到了三大类人格：

A型人格（Class A Personality）

B型人格（Class B Personality）

C型人格（Class C Personality）

A型人格者的共通性，就是低社会互动需求（*不太需要与其他人互动*）、沉浸在自己的内心世界、没什么情绪表露。在别人看来，A型人格者就是冰冷、疏离、怪异、神秘、不修边幅、缺乏社会互动、几乎没朋友、不在乎别人的看法，也不知道在想些什么的怪人。这群人的比例相当少，不容易见到；即便出现，大家也很容易自动忽略，视而不见。然而，在极为罕见的情况下，这类人格要是刚好搭配上一颗绝顶聪明的脑袋，就非常容易引起别人的注意。据说，爱因斯坦就是拥有超高智商的A型人格者的典型。

C型人格者刚好相反，这群人非常在乎别人对自己的看法，很愿意为了别人而改变自己，但也因为太在乎别人的目光，容易过度紧张，没有办法真正做自己。他们总是观察别人，看别人怎么做，自己就怎么做；没人可模仿的话，就看以前的人怎么做；倘若连先例都没得参考，他们就会询问权威人士的意见。C型人格者不敢标新立异，更不敢独排众议。在他们的内在价值观里，所谓的“好”就是符合社会期待，不要失礼，以大局为重；其次，就是服从权威的要求，让上位者满意。C型人格者占了总人口中的绝大多数，实例不胜枚举，你身旁应该到处都是，说不定你的小主管就是（这类人愿意做牛做马，很容易升迁到中层主管的位置，然后就升不上去了）。

B型人格者是一群介于中间的尴尬角色。他们看似很关心别人，其实在意的是别人眼中的自己，如果与自己无关，就会很戏剧化地变得冷漠。他们时而乐观正向，时而沮丧悲观，心情变化极快。原本开开心心的，却可以只为了一件很小的事情，突然变得暴跳如雷；或者反过来，当人们都陷入情绪低潮时，他们却如点燃的烟火，激励大家突破难关。多变、易变、说变就变，难以预测、情绪化，讲起话来头头是道、态度浮夸、无法捉摸，实际上能做到的却很少，行为前后不一致，是人们经常给B型人格者的评语。在相处上，B型人格的人通常颇为亲切，并不难接近，但交往久了就会发现：彼此之间仿佛有条无形的鸿沟，怎么样也无法更接近，难以深交。正所谓相交满天下，知己无一人，长期的孤独感是B型人格的特点之一。这类人的生命际遇差异极大，有人得意，有人落魄，在受众人膜拜与通缉犯之间摇摆，甚至在事业巅峰时走上绝路也不奇怪。

A、B、C三型人格是个大分类，每一个类别下都有更多的子类别，共有十种，如果要一一介绍，每种人格恐怕都得专书说明才行，所以我们就此打住。我们只要记得两件事：第一，“人格特质”有如指纹一样，每个人都有；“人格类型”是研究者从诸多人格特质中归纳出来的结果，不代表你我必然属于其中一类——许多人根本难以归类。第二，美国精神医学学会制定DSM-5虽然是为了精神疾病而分类，但它也清楚说明，仅仅符合其中一些要点，只能算是倾向（trait），不代表人格已经出现失调（disorder）；事实上，具有A、B、C三型人格倾向（personality trait）的人，远比人格障碍（personality disorder）的人多很多。原则上，本书所讨论的均为有“倾向”的健康人士，如果讨论到“人格障碍”，一定会标示清楚，请读者不要随便对号入座，轻率地认定自己或别人有“人格障碍”（或称“人格疾患”）。

为什么要专注于B型人格

在A、B、C三大人格类型中，B型人格本身就是一种非常奇特的人格类型，对于社会的影响之巨大，远超其人数比例，却又普遍被社会大众所忽视。

我们先来听听几位B型人格者的现身说法：

看我在人前风风光光、呼朋引伴，一张嘴讲起话来那么溜，总把气氛带得很热烈的样子，大家都以为我朋友很多，但其实，我几乎没什么朋友。我也不知道为什么，跟别人就是有一种距离感。想来找我聊天的人的确不少，我也很能聊，一旦他们想更进一步了解我，我就好像害怕什么似的，开始借机开溜；偏偏我又很想跟大家在一起，很矛盾。每次聚会散场的时候，就是我最难受的时候，看着空荡荡的桌椅、杯盘狼藉，我都会很难过，常常因为这样故意喝到醉。

一旦我跟某个人确定了男女朋友关系，我就会开始感到恐惧，无法克制地想象失去他的各种情景。我们的关系越好，我的恐惧就越深，我常常因为根本没发生的事情对他大发雷霆或失声痛哭，必须等他不断安慰我，让情绪平息后，我才会注意到一切只是我的想象而已。我很厌恶自己这一点，也知道我会毁掉这段感情，而且每次结果都是这样，但我没办法控制。当情绪风暴来的时候，我会害怕到发抖，躲到柜子里，那感觉就好像自己快消失了一样，割腕会让我舒服一点，如释重负，但效果也很短暂。

我完全提不起劲去上课。我试过无数次了，不管怎么逼自己都没用，这点让我沮丧极了。后来我发现一个办法：我很喜欢吃学校后面小摊上卖的葱油饼夹蛋。于是我告诉自己，我是“要去买葱油饼，顺便来上课”，这样我就有去上课的动机了，屡试不爽。荒唐的是，有时候上完课很累，懒得走出学校，竟然不买葱油饼也没关系。我觉得我的人生好像就是一连串的自我欺骗，就跟哄小孩一样。

没有用的，不管我对他们再好、付出再多、牺牲多少，他们都不会在乎。我不求他们感谢我，只希望他们记得有我这个做大姐的在关心他们就好。但是我今天这样，有人开口问过一句话吗？没有！大家只会说我活该，嫌我爱管闲事，见到我能避开就避开。平时，只要遇到难题，每个人都会来找我帮忙，不论是谁，我都尽心尽力，连自己的事情都可以搁着不管。我为他们付出这么多，我得到了什么？只得到了一身病痛，还有一句“管太多”！

各位的感觉是什么？基本上，应该会有两种全然极端的反应。

第一种是：这有什么好大惊小怪的？我实在不懂他们讲这些是要干什么？有必要把事情想得这么复杂吗？自寻烦恼。

第二种是：原来不是只有我这样，这世上也有人跟我有类似的想法！这是真的吗？实在让我太惊讶了。

基本上，前者会比后者多很多。当然，在这个越来越重视心理问题的年代，可能会出现第三种情况：“我虽然属于第一种人，但是我遇过或听说过这样的人，我愿意去倾听与感受他们的想法。”

很遗憾的是，第三种情况发生的概率实在不高。我们不难想象：人数占绝对优势的第一种人，一旦面对第二种人向他们吐露心事时，会出现怎样一种反应。

答案很简单，很可能就是直接来一句“你想太多”“自寻烦恼”“钻牛角尖”“没事找事干”“人在福中不知福”“穷得只剩下钱”“真不懂你在想什么”“自己不想改变，别人也帮不了你”“天下本无事，庸人自扰之”等说也说不完的负面评价。在轻率地抛出一堆批评后，人们很快就会把这件事给忘了，但B型人格者却忘不了。

这是B型人格者与主流社会之间所存在的一种矛盾：社会上大多数人对B型人格者特有的细腻思考、多愁善感、自我中心、凭感觉做事等特质感到不耐烦。倘若只带有一点点B型人格特质还没关系；如果特质已经非常明显，达到“人格倾向”的程度，那么B型人格者就不容易被社会所谅解，甚至会被贴标签、遭到或多或少的排斥；再加上B型人格者本身无法袒露自己，无法与人深交，不容易表达自我、让别人认识，吃了闷亏也没办法说出来，使得在某种意义上，B型人格是抑郁症甚至神经官能症[①]的温床；更糟糕的是，B型人格者不只自己痛苦，甚至也会把他的痛苦传染给身边的亲友。事实上，B型人格偏差严重到一定程度时，当事人可能会丧失自我觉察。不少B型人格障碍之所以被发现，并不是患者本身自愿就医，而是家属受够了他们的情绪，导致家属自己的身心出现了问题，才在就医的时候，间接发现当事人的人格问题。反倒是患者自我感觉良好，一点也不觉得自己需要接受治疗。

然而，上述毕竟是特例。一般的B型人格倾向者内心往往是痛苦的，就算知道自己的做法会给其他人造成困扰，也不知道该怎么办，更不知道该向谁求助。由于目前社会对B型人格普遍缺乏敏感度，因此，大多数B型人格者被当成抑郁症患者来治疗，吃了一堆不见得有必要吃的抗抑郁药，“人格问题”当然不会好，“病情”还是没有改善，家属也只

① 神经官能症：一组主要表现为精神活动能力下降、烦恼、紧张、焦虑、抑郁、恐惧、强迫、疑病症状、分离症状、转换症状或神经衰弱症状的精神障碍。抑郁症是神经官能症中的一种精神障碍。——编者注

好咬紧牙关，继续容忍这位看起来不像病人的“病人”宣称自己“有病”。

有位心力交瘁的母亲就曾这么说：“我真不知道她得的是什么病，我只知道她每天回家见人就骂，多问几句也骂，再问下去就说她要去死。我们也不敢多说什么，因为医生说她有抑郁症，她也在吃药，吃七八年了，没什么起色。每天通宵上网，日夜颠倒，三更半夜还肆无忌惮地跟网友大声聊天；三天两头，跟人家闹翻了，生起气来就割自己的手。我看得心疼，她却说她一点都不痛，就是故意要割给我看。我最近越来越觉得活着很没意思，但死了又很不甘心——医生，我女儿的抑郁症有可能会好吗？”

面对这么一位已经有厌世倾向，浑然不觉自己已患有重度抑郁症，却仍关心着女儿病情的母亲，我实在不知道该说什么。偏偏，B型人格就是很容易创造一堆这样的故事：自己藏身在“抑郁症”的病名里，却把亲人折磨成重度抑郁。

就这样，一群没有罹患抑郁症的“抑郁症患者”每年吃掉无数抗抑郁药物，想治疗自己的特殊人格特质；然而因为他们从一开始就不是抑郁症患者，所以“抑郁症”永远也治不好。没有人想过：只要通过自我觉察、反复练习、邀请亲朋好友一同协助，人格特质是有可能改善的。若能正视B型人格存在的事实，将对减轻医保的财务负担、改善全民的心理健康、减轻患者亲友们的身心压力，产生巨大的影响。

把这群人从“不被了解，孤独寂寞沮丧难过，吃了再多药也不会好，成天被身旁亲友怀疑是不是在装病”的痛苦深渊中解救出来，还他们一个公道，并认清问题的本质在于B型人格与主流社会的冲突，同时提供一个真正有效解决问题的方案，就是本书的目的。

然而，说起来容易，做起来难。

倘若我们深究这一节一开始的四段“真情告白”，看看说话者的庐山真面目，就会知道问题的棘手之处。

第一位是B型人格中最华丽的“表演型人格”，他们总把生活当成自己的舞台，把自己当成男女主角。他们的人生就好像是由一出又一出戏串联起来的。这些人不管见到谁，都是那么热络，不管跟他聊什么，他都能跟你聊上那么一点；不管你的立场是什么、对事件的看法是什么，他永远恰好跟你一样，也有相似的见解。但就仅止于此，你不能再认真下去，这只是他专为你演出的戏，再认真下去就会穿帮。表演型人格者无法自制地对每个人演出不同的戏码；外表尽管热络，内心却很孤寂，特别是曲终人散的时候，也是他们最难熬的时刻。

第二位是B型人格中最痛苦，也最让别人痛苦的“边缘型人格”。他们活在真实与想象之间，倘若有件令他们害怕的事情（例如被女友抛弃），不必真的发生，光凭想象就可以像真的一样，让他们陷入崩溃，歇斯底里地大哭、嘶吼，愤怒地摧毁一切。太过逼真的想象足以破坏所有关系，无论是爱情、亲情还是友情。那是一种没有办法控制的感觉，完全无视理性的存在，肆意地在当事人心中蔓延，通常当事人只有借由割腕等自残行为带来痛楚，才有办法终止这种感觉继续泛滥。

第三位是个颇中二[①]的大学生，看起来似乎无害，却是个地地道

① 多用来形容那些自我意识过盛、狂妄，又觉得不被理解、自觉不幸的人，尤其是“成形的价值观与尚未脱离的幼稚想法互相混杂”的成年人。——编者注

道的“反社会型”人格者。对他而言，满足生理需求的吃，远比通过学习成绩赢得别人的肯定来得重要，他甚至学会操控自己对食欲的期待来达成目的。他当然不会是因为葱油饼而来求助，事实上，是因为他多次偷窃，让他那地位显赫的父亲疲于应付善后，才强迫他来就医的。“好玩啊！”男孩说，“要是被抓到，店家通常都会气到不行，我就故意拼命道歉。看着店家因此犹豫着要不要报警的模样最是有趣。”

第四位是出了名的惯老板[①]，剥削苛刻员工是她的拿手绝活，在她家人的眼里，她既自私又自大，控制欲极强，只要跟她在一起，就要接受她的指挥与命令：她要你往东，就连往西看一眼，都是对她的严重挑衅；拿了她的“恩惠”，若不时时刻刻叩谢“皇恩浩荡”，你就是全天下最忘恩负义的人。因此，所有亲戚和兄弟姐妹都离她远远的，她的东西能不碰就不碰，她的发言能不回答就不回答，以免后患无穷。这样的人被贴上“自恋型人格”这个标签绝对不为过；但在她眼中，自己是个不断牺牲奉献，却没人感谢、没人在乎的傻大姐。

这四位患者都已经严重到“人格障碍”的地步，以他们的所作所为，就对自己、旁人和社会秩序的破坏性而言，要实现自我的改变、别人的包容，谈何容易？

这就是人格问题比抑郁症难处理的地方。面对抑郁症，我们可以上网查抑郁症自测表，可以到门诊看医生，万一不幸患有抑郁症，医生有几十种抗抑郁药可以使用；倘若预算够，还能选择心理治疗。重点是，抑郁症患者只会想伤害自己，不会恶意加害别人（如果会，那

① 台湾方言，要求多又不愿意多付钱的老板，被员工惯坏的老板。——编者注

你遇到的应该是位被当成抑郁症患者的人格障碍患者）。

然而，面对B型人格，情况就截然不同了。虽然承受人格问题的人们自己很痛苦，需要我们的协助；但随着人格偏差越来越严重，他们对旁人造成的伤害也越来越大，却不觉得自己有什么问题，更不愿意就医。这让我们陷入两难：到底是要教会大家怎么防备来自B型人格障碍患者的伤害，还是写一本让B型人格者能够自救、旁人也懂得怎么协助他们的书？

有一个看似合理的做法：以人格偏差的严重程度为分界线，一方面给予轻微的B型人格倾向者以协助，另一方面预防严重B型人格障碍者的破坏性。但问题是，改变动机的强弱不一定跟症状严重程度有关，严重的人格障碍患者也可能有所自觉，想改变自己糟糕的行为模式。

让我印象深刻的，是曾有一位人格障碍患者带着很绝望的表情前来："我到书局找资料想自救，结果看到的全是教人怎么提防我这种人的书！"

因此，我决定将本书的内容根据"当事人的态度"一分为三：在问题不严重、当事人有意愿要改变的情况下，我们提供自救与他助的办法；在问题严重但当事人仍有意愿要改变的情况下，我们提供寻求专业协助的方法；在问题严重且当事人毫无改变意愿的情况下，我们提供其他人自我保护的技巧。

最终的目的，还是在于让大家熟悉"B型人格"这个潜在的心灵乱源，从根本上控制抑郁症与精神疾病潜在患者的日益增加。

第2章

B型人格的内心世界

B型人格的轮廓

按照DSM-5的定义，B型人格是一种很不稳定的人格，特别是在情绪、人际关系、行为表现上，给人的第一印象就是夸张、矫情、冲动、善变、自我中心，常常无视别人的看法，做出一些惊世骇俗的事情；只要能吸引众人的目光，B型人格者很容易肆意妄为。因此，B型人格者很喜欢追求所谓的潇洒、浪漫、唯美事物，无视现实状况，只要能够满足心理上的“效果”，一切就够了。

以送花为例。一般人送九百九十九朵红玫瑰给女朋友的时候……

“俗！”B型人格者会这么说。他会请花店老板先送九百朵白玫瑰到女朋友上班处，自己再拿着九十九朵红玫瑰亲自送过去。红白相衬，对比强烈，又十分与众不同，这些都是B型人格者喜欢的元素。

“听起来好像不错。”有些女性朋友可能会这么想。但是不要忘了，在整个事件中，B型人格者爱上的并不是女朋友，而是送花的巧思，到头来，他爱的还是他自己！

B型人格者虽然只关心自己，但在他们的认知里，自己处处都在为别人的利益着想。因此，凡是有关“正义”“公理”“为天下苍生”“对历史有交代”之类的词句，都能像捕蝇纸一样快速捕捉到B型人格者，只不过再讲下去，他们就会露馅。

曾有一位妈妈，在我面前讲述她对孩子的爱有多无私，足足讲了二十分钟，还越讲越激动，红了眼眶。“总之，我所做的这一切，全都是为了他们，只要他们过得好，我就心满意足了。我对他们完全没有要求。完全没有，真的！”

“所以，如果你儿子说他将来想去当清洁工呢？”

这位妈妈脸色大变。“当然不行！我花了这么多心血送他出国留学，如果回来只是打扫卫生，那读那么多书干什么？”

“倘若打扫卫生是他的兴趣呢？”

“绝对不行！那我怎么出去见人？别人问起来，我要怎么回答？他真敢这样，我就跟他断绝母子关系！”

固然没有几位母亲能容忍留洋的博士儿子以当清洁工为志向，但是能被自己说出的话所感动、陶醉在自己的伟大情怀里，而且在梦想破灭后，马上说出“断绝母子关系”这种话的，大概也只有B型人格者了。

不难想见，B型人格者往往过于理想化，趋向于不切实际。有些时候，B型人格者会很固执，坚持自己的想法，还自认为是“择善固执”[①]；但在别人眼里，只觉得他们很中二，甚至有些滑稽。

另一方面，多变的情绪让他们像绿巨人浩克一样，情绪高涨时，B型人格者显得强大而坚韧，包容力十足，不管别人怎么攻击，B型人格者都能一笑置之，继续坚持己见；一旦情绪低落，人们马上就能看出他身体里的那颗玻璃心非常易碎，即便一句无心的话语，都能让B型人格者暴跳如雷或沮丧到极点。

① 择善固执：选择好的、正确的事情去做，且坚持不变。——编者注

这一点，让B型人格的形貌变得非常复杂，许多特质甚至互相矛盾。例如：在熟悉的环境里，情绪高亢的B型人格者可能变得非常善于交际，像只花蝴蝶一样，飞舞在社交场合中；不过一旦到了陌生的环境，再加上情绪低落，B型人格者可能变得内向胆怯，不善言词，见到人便焦虑得不得了，像是患有社交恐惧症似的。

这种多变的特质，让我们很难以列举的方式来介绍B型人格，否则，读者将会看到“B型人格是一种既善于社交又不善于社交的人格”这种不合逻辑的句子。

我们得换种方法，在完整介绍B型人格的官方定义与四个子人格时，必须“中场休息”，暂停说明B型人格的外在表现，先深入B型人格者的内心深处，穿着他们的鞋子，用他们的脑袋来思考这个世界。

等熟悉B型人格者奇特的思考逻辑后，再回头介绍B型人格的外在表现，并一一详述四种子人格。如此，读者才能将整个B型人格的行为表现串联起来，不至于感觉本书讲述的内容支离破碎，发出“这是在讲同一件事情吗”这样的质疑。

B型人格的基本架构

B型人格是一种大分类，由下列四种子人格所组成：

一、自恋型人格（Narcissistic personality）

二、表演型人格（Histrionic personality）

三、反社会型人格（Antisocial personality）

四、边缘型人格（Borderline personality）

所谓的“子人格”，就是当事人除了符合B型人格共有的特质之外，还多加上这个子人格专属的特质。

一般来说，在正常而健康的人身上，如果出现了某种人格特质，但还没达到疾病的程度，我们就会在上述名词后面加上一个“倾向”，例如“自恋型人格倾向”，这意味着这个人可能比较固执、不懂分享、长期感到自己不被了解、容易感叹怀才不遇，但不至于严重影响自己或别人的生活，造成社会职业功能的障碍。当然，其他子人格也各自有他们的专属特质，其名称和缩写如下：

一、自恋型人格倾向（Narcissistic personality trait），简称NPT

二、表演型人格倾向（Histrionic personality trait），简称HPT

三、反社会型人格倾向（Antisocial personality trait），简称APT

四、边缘型人格倾向（Borderline personality trait），简称BPT

无论是NPT、HPT、APT还是BPT，都属于“B型人格倾向”的一种，是正常的人格类型，不能算是疾病，各有优缺点。我们在后文中主要讨论的，就是怎么消除各自的缺点，并凸显专属的优点，以达到当事人与社会之间的和谐共存，即“适应”社会，而这也就是治疗人格问题的终极目的。

延续前面的例子，倘若当事人的人格表现已经严重到干扰到别人，或造成自己与别人的痛苦，例如天天与邻居吵架闹事、每日借酒浇愁、爬到十楼阳台大喊没人在乎他的感受，等等，便已经符合诊断条件了。这时，我们会在词尾加上另一个词“障碍”，正式昭告世人：这已经是一种精神疾病，患者必须接受治疗，而亲朋好友也得学会怎么应对——在保护自己的前提下，对他伸出援手。

举例来说：自恋型人格障碍，简称NPD。一般来说，专业人士看到这个缩写，就会心中一紧，知道接下来可能要面对一名傲慢无礼、缺乏同理心、出言不逊、处处质疑治疗方式的棘手病人。

跟“人格倾向”一样，其他三种子人格也会有各自的专属症状，其名称与缩写如下：

一、自恋型人格障碍（Narcissistic personality disorder），简称NPD

二、表演型人格障碍（Histrionic personality disorder），简称HPD

三、反社会型人格障碍（Antisocial personality disorder），简称APD

四、边缘型人格障碍（Borderline personality disorder），简称BPD

在心理治疗领域，消耗精神医疗资源最严重的，非“边缘型人格障碍”莫属。事实上，当我还在接受住院医生培训时，在医院病房的病患清单中，我就偶尔会看到有人被标注上“BPD”这个字眼，而所有的工作人员也都明白，随时要小心这位患者闹事。

我就曾见过一位清秀的女学生，讲话轻声细语，只要遇到人，还没张口说话，脸就先红了，客客气气的，模样颇惹人怜爱。然而，到了半夜，护士巡房时却发现她躲在棉被里割腕，整只手臂全是一条一条的刀痕。

大家都吓了一跳，因为刀片在封闭病房（不能让患者自行外出的急性精神病房）是违禁品，根本过不了住院时的安全检查，那么，她的刀片是怎么来的？最后，真相大白，原来她带了一只填充玩具泰迪熊。在住院之前，她先把泰迪熊身上的背心剪开，将刀片缝在泰迪熊的背心与肚子之间，再把背心缝好，以泰迪熊偌大的身躯，任由安检人员怎么挤压，刀片也不会露出来。没见过的人可能很难想象，病患为了伤害自己，竟如此煞费苦心。

反社会型人格障碍也是一大麻烦，我就曾在封闭病房里见过一位患者，他把一根竹筷对折成两半，拿着其中半根，断面朝前，假装在病房里散步。等到他走到上锁的铁门前，突然把竹筷戳入喇叭锁孔，折断，转身，若无其事地离开。由于竹筷断面全是细微的竹枝，自然会有部分卡进锁头内，这副锁就等于坏了。患者的意思很明显：你们不让我出去，那我让你们就算有钥匙也出不去！

基本上，人格具有恒定性，除非遇到重大创伤事件或脑伤等生理性伤害，否则不太容易改变，所以，B型人格倾向者并不会因为没有得到治疗，而逐渐恶化成B型人格障碍，这点倒是可以放心。虽然两者都有B型人格的特质，但是由于程度上的不同，我们可以把他们视为不同的两种人，各自有各自的问题需要解决。

通常，B型人格者在未达到病态的时候，不一定会固定出现哪一种子人格，而是会随着时间的推移与情境的转换，甚至是四种子人格同时出现；而在临床上，就算已经达到病态（例如“自恋型人格障碍”），患者身上还是有可能出现其他三种子人格的迹象。

因此，有不少临床医生不喜欢直接使用子人格的概念，而倾向于使用“B型人格”来描述人格问题，然后把NPT、HPT、APT、BPT视为B型人格的四个面向。

无论如何，在我们更进一步去了解这四类子人格前，我们得先对B型人格的特质有足够深入的理解，明白贯穿整个B型人格之间的共通特性，之后在讨论个别子人格时，也就能明白为什么专家们会将这四个看似不相干的人格类型放在一起，还给它们共同的“B型人格”称号。

以下，我们就要开始解析,B型人格者的脑袋里，到底发生了什么事。

失控的情绪

B型人格最核心的特质，就是“情绪”具有相当高的不稳定性，甚至会彻底失控，不受外在环境的影响。

这与常态相反。对大多数人而言，“情绪”是稳定的，除非受到环境或其他因素（例如内分泌）的影响，否则不会无缘无故改变。例如：你最近情场得意、有升迁机会、家庭和乐、与朋友相处融洽，那么你的心情自然愉快；如果最近感情破裂、升迁无望、家庭矛盾频发、朋友跟你绝交，那么心情沮丧不在话下。总之，情绪是好是坏，都必然有其原因。

对于B型人格者而言，上述的过程刚好相反：心情好的时候，笑口常开，做事勤快，也善于做人，结果情场得意、冒出个升迁机会、家庭和乐、与朋友相处融洽；心情不好的时候，整天板着一张脸，遇到一点小事就发飙，拖延怠惰、无视他人存在，无论职场、情场、家庭或朋友关系都跌到谷底。此时，“情绪好坏”是不必有原因的，更荒谬的是，心情好坏才是决定人生际遇与前途发展的重要因素。

当然，在大多数人身上，“情绪”跟“环境”也可以互为因果，彼此互相影响。例如先前无故发生一点口角，因此情绪低落；而低落的情绪又反过来改变认知，认为这段关系没希望了，吵得更凶，心情更恶劣。这是“情绪”跟“环境”彼此影响，形成恶性循环。

然而，B型人格者的情况并不这么单纯：他们的情绪往往说变就变，没有道理，没有原因，就此拖垮了整个环境，无论是职场、情场、家庭或朋友关系。在旁人眼里，他们情绪的转变根本就是莫名其妙，但B型人格者并不会有所觉察，只会依当下心情继续做事：倘若心情不好，那么眼中所见的一切，没一件事情是顺眼的，又烦又躁，既失望又生气，简直想放弃所有的努力；然而，当好心情来临时，一切霎时改变：原本无解的问题，统统显得如此容易，先前的烦恼仿佛全是庸人自扰。

如果说，人生是一艘船，理性是舵，情绪是罗盘，好心情引领着人类航向让自己过得更快乐的地方。B型人格的情绪罗盘是坏的。它转它自己的，不管经度，不管纬度，不管航道，不合逻辑。此时，尽管B型人格者再怎么努力掌握住理性的舵，也是没有用的。这艘船是否能平安航行下去，真的只能靠运气。

运气好的时候就像喜剧片，什么荒唐的事情都能发生。常见的一种情况是：当大家因为听到坏消息而士气低落、颓废丧志的时候，B型人格者的情绪却莫名其妙高涨起来，并用华丽的文采、滔滔不绝的雄辩来激励大家，鼓舞士气，大家半信半疑地姑且一试，发现竟然还有一线生机，最后峰回路转，反败为胜；然而，此时B型人格者的情绪却用完了，他震惊于自己为何如此乐观，更一时无法接受自己是改变局势的大英雄，当大家带着感恩的心情簇拥过来时，他反而落荒而逃，心中充满疑虑与羞愧，只想找个地洞钻下去。

运气不好的时候，B型人格者就像只唱衰的乌鸦，明明局势大好，他偏偏悲观以对；他的心情有如黑洞，再多捷报传来，这个黑洞都没有被填平的迹象，只能不断消耗同伴们的信心。

如果真的要分析B型人格者的情绪走势，在某种程度上，我们倒是可以用华尔街股市来作为比喻。B型人格者的心情就像股价指数，而环境因素就像经济表现。正如华尔街的一句俗谚所说的，“行情总在绝望中诞生，在半信半疑中成长，在憧憬中成熟，在充满希望时破灭”。股价指数永远跑在经济表现之前，当环境因素有可能改善时，股价指数已经上涨了；等到经济表现确定变好时，股价却又已经来到高点，差不多要崩盘了。B型人格者的敏感度太高，对于细微的环境变化往往反应过度，但自己却未必能觉察。当局势有好转迹象，B型人格者的情绪早在第一时间就大幅上扬，但此时环境尚未出现实质性变化；等大家都充满希望时，B型人格者反而崩溃了。光是时间落差，就足以让B型人格者的情绪显得突兀而反常。再加上现实生活中总是充满了各式谣言、假讯息、无法验证的臆测等诸多不确定性，这些不确定性在被B型人格者的过度敏感放大后，让人更难以理解是什么在影响他们的心情。

这个特质为四种子人格所共享，但表现方式不太一样。在反社会型人格者身上的表现是相当深沉的，当事人往往缺乏表情，显得冷静而沉着，但这个“缺乏表情”正好暴露了当事人企图压抑的强烈情绪。在边缘型人格者身上则刚好相反，不但情绪波动特别大，而且转折非常快，难以预测下一秒会发生什么事情。表演型人格者会明显夸大情绪，有时还会带有一点表演性质；与边缘型人格者不同，你能看得出来那一丝刻意夸大的企图。自恋型人格者的情绪往往在极度自大与极度自卑之间摇摆，呈现出来的就是自我满足、自我怀疑、怀疑别人贬低自己、对自己不满、愤怒、被害感等情绪旋涡，自恋型人格者在旋涡中挣扎沉浮，周而复始。

敏锐的读者可能会很好奇：双相情感障碍的症状不也是“情绪失去控制”？B型人格跟双相情感障碍之间到底有什么差别？事实上，这两者在临床上确实并不容易区分，甚至有研究显示：B型人格中的边缘型人格患者容易并发“轻躁症”（双相Ⅱ型情感障碍，Bipolar Ⅱ disorder），但是，这两者还是有本质上的差异的。

首先，双相情感障碍患者在发病前，尽管可能会有些先驱性症状，但理论上，发病前表现正常，发病后才会出现情绪失控的症状。在治疗上，会以控制病情（甚至治愈）为目的，确实也有部分双相情感障碍患者终生仅发病一次。此外，目前已经发现对控制（甚至治愈）病情有效的双相情感障碍药物，所以积极治疗是有必要的。过了急性期之后，则需要由专科医生视实际状况分析，应给予多久的预防性用药；而合并心理治疗也会降低复发的概率。

B型人格是人格的一种，未必是病。情绪固然会失控，也可能因此严重影响生活，甚至断送前程、丧失友谊，或导致家庭失和，但还不至于做出像双相情感障碍患者会出现的夸张行为，例如明明出门是去买早餐，最后却买了套房子，或无端到马路中央指挥交通；就算严重到“B型人格障碍”（已经是疾病程度），行为也可能很失序，但还是不会像双相情感障碍般丧失理性。然而B型人格延续的时间相当长，从青春期末期人格逐渐成型后就很难改变，通常会延续一辈子，正如古谚所说的“江山易改，本性难移”，不能寄希望于通过长期服药来控制（实际上，也没有B型人格障碍的特效药）。治疗的目的主要是增进当事人的觉察能力与自我控制，让B型人格者能跟社会和平共存，甚至是以发扬人格优点为原则（详见后述）。

这里就以一位有自恋型人格的男性对于管不住自己情绪的想法作结吧：

我真不知道自己的脑袋怎么了。心情好的时候，我会信心满满，无惧与别人相约，也乐于在众人面前展现自我，接下一堆演说的邀请；但过不了多久——有时候甚至只是睡个午觉，那种自信心就不翼而飞了。我忽然焦躁不安，非常怀疑自己能否做到先前的承诺。看到接下来的演说邀约，我就一个头两个大，根本不知道要讲什么，偏偏又记得很清楚是我亲自答应人家的。我觉得体内好像住着一个超人，他现身的时候，一切都好办；麻烦的地方在于他到处答应人家，但需要他的时候，又不知道飞到哪里去，只留下一个懦弱的自己去应对大家的目光。这点让我感到极度困扰。

眼里全是自己

千万不要从字面上解释“眼里全是自己”这句话，误以为B型人格者非常自私；事实上正好相反！这句话可以有多重解读，从第一层解释来看，眼中所见全是自己，换句话说，每个别人都是自己，也就是B型人格者把“别人”当成了“自己”；那么，别人的事就是我的事；别人遭遇问题，就是我遭遇问题，我责无旁贷要帮忙（事实上，他帮的还是自己）。

所以，B型人格者表面上是很友善、很有亲和力的，特别是表演型人格者，你会觉得他热心过了头。尽管有那么一点做秀的成分在，但无论如何，他们是主动积极助人的；甚至连反社会型人格者可能也如此，只是会有种“既帮你，同时又玩弄你”的感觉。边缘型人格者的反应会有点胆怯，一副“我想帮你，又怕自己能力不足”的模样。比较特别的是，自恋型人格者在这方面非常极端：如果他的状况好，助人会让他自我感觉更加良好，可以让他陶醉在“为天下立心、为生民立命、为往圣继绝学、为万世开太平”的情怀里；如果他的状况不好，他就会意志消沉，就算只是跟他借二十块钱买饮料解渴，他也可以感伤“世衰道微，人性软弱”很久。

乍听之下都很夸张、匪夷所思，甚至很好笑，但是，不要忘记一件事：B型人格者很容易活在自己内心的世界，所以，实际付诸行动的部分与他的内心戏相比，只不过是冰山一角。正常状态下，不太有机会见到一个疯疯癫癫的B型人格“患者”对你做出这些夸张反应，所以你也不知道原来对方的脑袋里已经闪过这么多念头。

以上不过是第一层解释而已。进一步演绎“眼里全是自己”这句话，就会出现些许令人不舒服的地方：正因为别人也是自己，人我界限并不清楚，所以，B型人格者容易出现两种反应——过度干涉别人的生活，或是过度疏离别人的世界。这两种行为通常会同时发生，或快速地相继出现。

面对团体生活时，B型人格者往往不知道自己不能清楚地分辨人我界限，所以很容易说出在社交上失礼的话语，例如彼此的关系和互动还没那么好，就说出过分亲密的话语，让人感觉到受冒犯、被侮辱、不知道该怎么回答；面对异性，B型人格者有时会显得太轻佻，用词带有性暗示，甚至让对方有种遭到性骚扰的感觉。相反，当彼此关系已到相当程度，讲起话来理当可以热络些的时候，B型人格者又会说出一些过分客套的话来，让别人不知道到底该把他当朋友还是客人。

言语如此，行为也如此。正所谓“礼多人见外”，B型人格者在“无礼”与“见外”之间始终拿捏不好。长久下来，当B型人格者渐渐有了自觉后，也会感到受挫。要命的是，他们面对挫折的方式，往往是从潜意识中启动心理防御机制，采取否认的态度：根本“视而不见”，甚至出现更挑衅的“反向作用”，也就是故意且更频繁地做出让人不悦的行为。等到他的心理防御机制再也无法掩盖事实后，B型人格者才会注意到别人的不悦。此时，他们整个人会变得畏缩，索性不去面对社交这一块，因为他们实在把握不住“合乎礼仪”的分寸。

要掌握B型人格者的社交障碍特质并不困难，最快的方式就是通过自己的感觉。因为B型人格者常让身边的人有种强烈的困惑：乍看之下，明明就是个亲切、和善或热情的人，为什么看起来那么孤单？就算他身旁有一堆粉丝、信徒与学生，就算他像花蝴蝶一样周旋在众人之间，但那种孤独感一样强烈。等你实际与他们相处后，就会发现自己与B型人格者之间有一定的距离感：说不上来为什么，但就是没办法靠近，仿佛对方刻意跟你保持距离——尽管他并没有这个意思。

面对亲密关系时，B型人格者同样不知道自己不能清楚地分辨人我界限，所以关心往往变成“干预”，甚至是“控制”：什么都要知道，什么都要管。如果有什么是他不知道、不能干预——甚至是不能控制的，那么对于B型人格者而言，这就是一种忽视他的行为，是一种否定，甚至是背叛。

更糟糕的是，由于B型人格者眼中所见全是自己，因此，不管对象是谁，所有的“忽视”与“否定”到最后都会被认为是针对他而来，因为“他就是全世界”，不管攻击谁，都等于在攻击他，使得B型人格者极度无法忍受批判与冷落。更荒谬的是，不管B型人格者怎么辩解，还击的力道还是会打在“无所不在的自己”身上。举例来说，B型人格者要是批评别人小气，那么接下来，他就会过度在意自己是否不够大方，并为此不断找自己麻烦。

一般而言，B型人格者很喜欢袒露自己，尝试真诚且不带伪装地与人互动；但万一出了差错，不管是谁批评谁，甚至根本没人抱怨谁，B型人格者马上会出现防御动作，多疑的性格就这样跑了出来，怎么澄清都没用。B型人格者会满是受伤之色，既生气又沮丧，整个人变得畏缩，与先前的热情判若两人。别人就更不知道怎么与之相处了。

B型人格者的世界里会持续充满这类矛盾，弄得自己伤痕累累。

一切随时会幻灭

不妨想想日本诺贝尔文学奖得主三岛由纪夫的经典名著《金阁寺》，书中那名青年僧侣之所以烧掉他深爱的金阁寺，理由是“与其看着那美丽的金阁寺在尘世间逐渐坍塌，我选择放一火把它烧掉。那样，金阁寺的美好就会永远留存在心中，完全为我所独占，再也没有人能进去”。

如果各位能明白这种想法，再把“金阁寺”换成“女友”，“放一把火”换成“肢解煮熟”，那么就不难同理严重病态的反社会型人格患者吃掉女友的心理是怎么回事了。这是B型人格者的逻辑——“刹那就是永恒”，加上“唯我独有”。

虽然一般的B型人格者绝对不至于这么夸张，而且即便是B型人格障碍患者，也很难干出这种骇人听闻的事，但是，想抓住美好的刹那，且完全独占的心理，却是如出一辙的。

有位边缘型人格者在回想他的毕业典礼时这么说过：“那天早晨，天灰蒙蒙的，我起得很早，并不困。我拿出制服，看着它们，看了好久，我知道，我即将失去它们了。那一天，我努力设法让自己保持清醒，想让自己记下眼前的每一个画面，那都将是我关于这所学校的最后影像，此后，我就不再属于这里，我的生命将永远失去它们——然而，我根本没参加毕业典礼，也没再跟任何朋友联络。倘若我终将失去，不如不要拥有！”

撇开这样极端的例子，为了对抗这种幻灭感，B型人格者往往有强烈的“留住这一切”的渴望，倘若能善加利用，将会是一股强大的向上动机。社会上许多成功人士往往就是为了对抗这种感觉，而获得今日的成就。然而，正如逆水行舟，不进则退，为了不让自己退后，他们会竭尽所能向前进，不甘于按部就班，而这也提高了失败的风险。

即便如此，幻灭感还是无所不在，特别是无法借“事业有成”来克服的亲情与友情等关系。对于“拥有”的不安全感，甚至能成为不同B型人格特质的识别标志：反社会型人格者采取的手段比较直接，可能会诉诸各种形态的暴力，最常见的就是媒体上骇人听闻的恐怖情人事件。对于表演型人格者而言，这种渴望就类似表演者想吸引观众目光的心情，倘若“观众”有不耐烦或分心的迹象，表演型人格者就会花招百出，行为更是夸张，仿佛在强化自己的演出强度。自恋型人格者视“留住一切”为天经地义，一旦面临失去，玻璃心就会碎满地，最常见的反应就是震惊、愤怒、被害感、指控他人的阴谋干预。然而，在所有B型人格特质中，反应最为激烈、戏剧化、夸张与疯狂的，边缘型人格绝对当之无愧。边缘型人格者可以光凭想象出来的情节，就产生强烈的不安情绪，仿佛一切都已经发生过。因此，边缘型人格者经常处于高度焦虑中，最常见的反应就是极其柔软却坚定无比的情绪勒索，一旦最终还是得不到令他放心的答案，就可能出现严重抑郁、吸毒、酗酒、割腕、自残等自虐行为，把自己或他人逼到近乎崩溃的地步。

不过，不管哪一种B型人格，在情绪低落的时候，对于幻灭感的恐惧也可能突然反转为对生命态度的消极：拒绝正面看待生活中的重要事务，放弃社交生活，不愿意累积人际资本，也无意于学习生存技能，放任自己过一天算一天，过起自我放逐的日子，可说是抑郁症的“B型人格加强版”。通常，由于变化时间很短、反差太大，不仅会让旁人吃惊，连本人也会有所察觉，甚至会主动求医。所幸，待低落情绪过后，这种情况通常会大幅改善。

幻灭感的存在，让B型人格者倾向于追求爆炸性的发展、快速取得的成就，他们希望展现刹那的光芒，但代价却是终生的失落与紊乱。试想：倘若自己所拥有的一切终将再度失去，所有的欢愉都只是突然点着的火柴，猛烈却渺小，绚烂却没有温度，你会对人生采取什么样的策略？

“弃我去者，昨日之日不可留；乱我心者，今日之日多烦忧。”“君不见，高堂明镜悲白发，朝如青丝暮成雪。”才华洋溢的诗人用优美的诗句写出B型人格者的心情，除此之外，数不清的小说家、音乐家、画家、雕刻家等，也都用各自的才华留下了庞大的素材以供我们去理解他们的感受。在艺术的天空里，具有天分的B型人格者往往能成为卓越的创作者，这个族群就像是隐身在芸芸众生中的人才宝库。甚至，我们还能从诗人们自我安慰的话语中，一窥他们令人咋舌的行事风格：“同是天涯沦落人，相逢何必曾相识。”“天生我材必有用，千金散尽还复来。”

只是很遗憾，才高八斗的毕竟是少数，更多的是一般的普罗大众。

在华尔街激动挥舞的手势中，在购物频道口沫横飞的天花乱坠里，在每日早晨的剃刀与镜子边缘，还有鹰架底下将莎莎亚（一种饮料）混入保力达B（一种保健品）的手中，或许都有一颗同样迷惘而不安的心。

那就是B型人格者面对真实世界的无力感。

行动就是救赎

B型人格者与“行动”的关系相当密切，然而，要提到“行动”，就不能不先简述一下“存在主义”。

存在主义关切的是人类的存在，指出人的存在与其他事物的不同。以桌子为例，要先有蓝图，才能制成桌子，直到损毁，桌子的“本质”都不会变，且先于“存在”；但人类不是。婴儿呱呱落地时，没人料到将来他会变成什么样，希特勒也好，爱因斯坦也好，你也好，我也好，刚出生时，根本没人知道未来会如何。然而，当我们意识到自己存在时，一切都已经被决定了，从姓名、性别、遗传、家世背景，到后天教养，没有一样是自己能做主的。每个人都像是临时加入一场生命赌局的牌友，接手的是打到一半的牌，不管好牌烂牌，都得打下去，而且当落幕那一刻到来，盖棺论定时，你也得概括承受[①]：牌打成什么局面，你的本质就是什么。有些存在主义哲学家（例如德国哲学家海德格尔）还认为，死亡召唤着我们，把我们从团体生活中拉出来，让我们直接

① 概括承受：法律名词，指的是由于约定、合同或其他原因，当发生权责的转让时，一方当事人要承担他人的权利与义务。——编者注

面对虚无，好明白自己的时间不多了。但是该采取什么行动？天晓得！

这就是“存在的焦虑”，也就是“清醒地活着，本身就是一种焦虑”。

对于这些论述，大多数人并不关心，因为团体生活对人类产生了某种保护作用。每天总有做不完的工作，下班后，还有好多聚会、各式娱乐等着我们。身处团体中，人们并不容易想到死亡，也不太会直接面对“存在的焦虑”——B型人格者例外。

如前面所说的，既然B型人格者不容易融入这个社会，他们就得“独自”面对过去、现在与未来的自己，也不能混在群体生活里，让自己忘怀所有无法控制的一切。既然“过去”不可改变，当然不能抱怨拿到的牌不够好；展望未来，B型人格者对自我的期许永远都是那么不切实际、难以实现。就算想进入内心世界，编织一个纯净的幻想，偏偏“现实生活”亦步亦趋地跟着他们，用柴米油盐酱醋茶、同学间的喜讯、社交媒体上秀恩爱的图文等，随时把他们拉回充满无力感的“当下”。没有一样东西是他们自己能控制的，不管是过去、现在，还是未来。B型人格者必须直接面对“自己的时间不多了”的事实，这使得“存在的焦虑”分分秒秒笼罩着他们，逼迫他们寻找出口。

因此，很自然的，“行动”成了他们的救赎：做点什么好转移注意力，暂时遗忘自我。所以，B型人格者经常处于“近似一厢情愿”的狂热状态，通过俗世工作、追逐梦想与漫无目的的冲动行为，来释放自己的焦虑感。

一位自恋型人格者就曾说过：“一到假期，我就会陷于情绪低潮。我不知道要做些什么，看到自己又老了一天，无所事事，毫无长进，内心满是罪恶感。我需要上班，我要把所有时间都填满：对我而言，一连串的开会、视察、接待一点也不累，反而让我觉得年轻，体力充沛。我很满意那样的自己。我知道他们（部下）都很怕我，说我是工作狂；朋友也劝我：早晚要面对人生下半场，总有一天我会退休，过着游山玩水、闲云野鹤的日子。我一想到那种生活——你别笑——那根本就是一场噩梦……"

这位自恋型人格者采取的行动是卖力工作，这让他成为一位工作狂，而社会显然接受这种行为，因此，行动让他成为一家上柜公司[①]的老板。

然而，不要忘记前面所提过的："每个人都像是临时加入一场生命赌局的牌友，接手的是打到一半的牌，不管好牌烂牌，都得打下去。"万一，你接到的是一手烂牌呢？

那么，你所做出的行动，很可能就会和刚刚那位上柜公司的老板完全不同。以一位自恋型人格女性的回忆为例：

我承认我很叛逆，外婆很爱打我，尤其是我妈连续一两个星期没回家的时候。他们都说我很像我爸，天生坏到骨子里，但我从没见过他，所以我也不知道是真是假。我五专[②]没毕业，在一家平价牛排馆做外场人员，从老板、老板娘到厨师都很照顾我，那是我最快乐的时候。后来我遇见我前夫，外婆不喜欢他，所以我就离家出走了。小孩快一

① 如果一家公司向证交所申请股票上市成功的话，那么它就是上市公司；如果向柜台买卖中心申请上柜成功的话，它就是上柜公司。——编者注

② 五专：初中毕业后不用升学考试，直接入学，学制五年，毕业后为大专学历。——编者注

岁的时候，社会局的人才叫我们去登记，但那时候他已经很少回来了，小孩都是我在带。等老二出生时，他连来看我都没有……你说我怎么过下去的？撑啊！跟朋友借钱啊！那时候我还没去酒店上班，但我怎么有脸回家？是我妹先发现我的，她把我拉回去，但全家都把我当笑话。那时我妹在公司已经升主管，叫我去她那边工作；可是我专科都没念完，哪敢去啊？后来小孩大了，我就去上班了，有了点钱，干脆搬出来……

女子的脸上看不见委屈与忧伤。然而，当我问到她对未来的期待时，她沉默许久，露出了满手的刀疤。“没想过这件事。我不想再生自己的气。”

女子的语气始终平淡，讲述的却是关于一个不受祝福的生命，如何不甘心地冲撞着自己的命中注定，一次又一次付出，最后却得承受所有结果的故事。关于幸福与未来，是否真如她所言“没想过”？若是，她就不会来咨询。

一如所有B型人格者，她必须在茫茫人海中“独自”拿着专属于自己的牌，把残局打完，就算有些结果已注定无法实现（例如要是没遇见前夫该多好），她也得继续前行。

事实上，不管人生际遇如何，B型人格者的经验总在主体性中完成：永远在尝试与天争，像西西弗斯推着巨石上山，即使一再滚落，也要行动下去；而不像多数人一样，乖乖接受社会分配的角色，安享别人为自己铺好的路。

我们不能单纯通过“B型人格就是______”来理解他们，因为B型人格者不断通过行动改造自己，虽然经常处在焦虑之中，纵然结果有好有坏，即便留下的可能是悔恨，但就算人生重来一遍，他们恐怕还是会这么做，这就是B型人格的本色。

真实与虚幻只在一线之隔

对于一般人而言，关系与感情建立不易，然而一旦建立，就会出现恒常性，不会说消失就消失。爱就是爱，恨就是恨，两者泾渭分明，虽然可以化解，但绝对需要假以时日，并且经过多次的谅解、宽恕，或是反向的失望、原谅、绝望的历程。爱与恨如此，是与非、对与错，又何尝不是如此？所有的关系、爱憎、感情，都是一步一步慢慢累积的，不会一蹴而就，但也不会突然之间销声匿迹。

B型人格者可不是这样，对他们而言，说爱就是爱，说不爱了就是不爱，说不爱之后要是改变了心意又爱，马上就能继续爱，一点也不受到影响，几乎没有一般人的惯性思维。

因此，每当新闻报道中出现诸如“男子先拿出小刀捅老婆一刀，然后在派出所失声痛哭，对老婆表示‘我爱你，请你不要离开我，你离开我的话，我要去死’。而身为受害者的老婆先是全然原谅对方，然后又诅咒老公是恶魔，应该受到公众唾弃，而等到检察官起诉时，却反过来为老公说话，说他是世界上最好的丈夫与父亲”的戏码时，大多数人可能难以理解，不明白当事人的脑袋是怎么想的。

事实上，B型人格者的世界就真如《金刚经》所言：“一切有为法，如梦幻泡影，如露亦如电。”[①]没有什么是绝对的，也没有什么是不会改变的。爱既是恨，也不是恨；缘尽时，亲如弟兄者亦如陌路。世事无常，时而为宽恕与涕泗俱下的大和解，时而为咬牙切齿与欲灭满门的深仇大恨，导火线可能只是擦身而过的一眼，抑或酒过三巡的不当玩笑，这些对于B型人格者来说都是司空见惯。与佛法唯一不同的是B型人格者明知虚相幻化无穷，却还是将七情六欲搅和其中。

B型人格者可能在某天偷偷打你的小报告，但几天后，又毫无罪恶感地跟你见面，称兄道弟。他未必是装的，更不是什么“城府极深”，他可能真的完全没想过要害你。至于他为什么偷偷打你的小报告，理由可能只是“刚好看到网站上有检举信箱，觉得好玩，就想试试看”。不要怀疑，把你搞得鸡飞狗跳的大整肃，可能就只是基于一个这么荒谬的原因，至于后续的懊悔、愧疚，以及恼羞成怒、先声夺人的指责，甚至恩将仇报，都只是事后为了合理化自身行为才编造出来的。当你咬牙切齿地寻找“答案”，B型人格者只好编出一个个让你更信服的故事，但真相永远不明。你可以说他们幼稚，或是像猴子一样，就算毫无情绪与利益纠葛，仍能轻易按下那颗引发终极核战的按钮。这就是为什么B型人格者一旦干出大事，常常让人相当震惊的缘故。

B型人格者身上那条真实与虚幻的界线相当薄弱，是与非，爱与恨，真与假，做与没做，往往是重复更迭的状态。当旁人没进一步追问的时候，他们就好比薛定谔的那只猫，关在箱子里，半死半生，既生又死。

① 这一句话的意思是世间一切事物就像梦境、幻术、泡沫、影像、露珠、电光一样，都是变化无常的，没有真实永恒。——编者注

B型人格者的思想、动机与行为往往也是如此。那些诈骗者还没卷款潜逃前，他对旁人、粉丝的爱，每一分都是真切的；也正因为真切，所以才特别动人心弦，难以察觉异状。事实上，在他们决定走上歪路的那一刻之前，往往内心充满无私的爱，毫无犯罪意识，直到临界点终于到来——因为东窗事发，他们终于清楚知道自己做了什么，干脆一不做二不休，发狠把坏事干到底。

一位B型人格者对社会产生影响的能力大小，决定了他会是一颗怎样的不定时炸弹。越是位高权重或家喻户晓，他的影响力就会越深越远，有些时候甚至会动摇人们的社会价值。他会不断累积社会托付给自己的能量，并一次在爆炸性事件中彻底返还。

在四种子人格当中，最容易吸取群众目光与资源的，自然首推表演型人格。表演型人格者本来就以别人的注意力为生，越能吸引注意力，他们就会愿意做越多演出；至于演出精不精彩、吸不吸睛，则要看他的聪明才智与社会资源。社会资源丰富、智慧较高者，若能碰上不错的机遇，自然就会有不错的表现；但他的“演出”能否长长久久，足以安度一生，并留下美名传颂后世，则要看个人的智慧与自制能力。倘若拥有的社会资源太多，远超过他能驾驭的极限，就会开始自我膨胀，使得演出越来越困难，到最后，终会迎来“爆炸性谢幕”的一天。

与表演型人格者相似的是边缘型人格者，他们也会出现表演性、做秀性的行为，但“演技”显然不如表演型人格者；而且他们又很喜欢分化自己的观众，让观众彼此激化，所以常会死缠烂打，又是吞药，又是割腕的，除了害得一堆人气急败坏、彼此冲突，还搞得鸡飞狗跳，甚至火爆收场。就社会影响力而言，边缘型人格者的影响当然没有表演型人格者来得大，但若是以棘手的程度而言，那绝对有过之而无不及。

反社会型人格者正好相反，他们喜欢利用虚实之间的差异来迷惑其他人的心智。比如先是很认真地给出一连串承诺，再淡然地全部否认，等对方快崩溃的时候，才依对方的渴望抛出一些甜头，不断玩弄对方心中仅存的一丝希望。

这一切为的是什么？不为什么。或者说，吸引他人目光只为了让自己风光，挑拨离间只为了认真分化，玩弄别人只为了专心玩弄。如果我们不要为了寻找背后的“真实”而抛弃眼前的“现象”，那么对于B型人格者而言，每一句话都可以当真——当然，也可能只是随便说说而已，是真是假，说不定连他们自己都不知道。

孤独只是我的身影

这样的人，你会想跟他相处吗？说实话，就连许多B型人格者都不想跟这样的自己相处，何况是其他人。

这正是恒常存在于B型人格者身上的一种自我异化：假设此时此刻，所有人都处在一种很嗨的气氛里，大家都玩得很开，和乐融融，你中有我，我中有你。

姑且不论这样的氛围是怎么形成的，或许是因为团队克服了工作上的一个难题，彼此共享成就感，一起沉浸在征服的快感里；或许是因为灯光美、气氛佳，大家一同身在朦胧且具有暗示性的气氛下而感到陶醉，好比在满天星斗的野外，众人围绕着营地的熊熊篝火，感觉彼此同在。也有可能是因为大家一起冒险，在惊险刺激，肾上腺素高度分泌之后的松懈中，彼此形成歃血为盟的誓约……在B型人格者的大脑中，所有通过团体所营造起来的集体意识，会随着时间过去，以异常的速度迅速消散，到最后，留存下来的，可能只剩下一抹残缺的感觉，甚至是全然的麻木，仿佛连自我也消失似的。

在这种情况下，“孤独感”成为B型人格者终其一生必须不断对抗的议题。一般来说，自恋型人格者面对孤独的时候，是最直接且坦率的，他们会让孤独就这样围绕着自己，而不去注意别人是否会看见；甚至有时候，旁人还能察觉到他们满足于这样的孤僻，因为这会给自恋型人格者一种“高人一等”“遗世独立”的感觉。表演型人格者对孤独的耐受力不高，他们会很明快地采取各种手段，比如以各种夸张的言语或举止来炒热场子、制造出自己的神秘感、吸引别人的注意力、说一些语不惊人死不休的话等来千方百计地减轻自己的孤独感。反社会型人格者可能是最能沉静面对孤独的一群人，他们本身的气质就较为沉稳，就算内心感到孤独，别人从外观上也未必看得出来。边缘型人格者对孤独的耐受力最低，一旦失去别人的注意，就宛若连自己的生命也没了似的。因此，边缘型人格者对于孤独、即将来到的孤独，甚至可能发生的孤独，都会有近乎歇斯底里的反应。

然而，怎么面对孤独恰好呈现了B型人格者在社会表现上的重大差异：拥有充足资源和高度聪明才智的人，可以通过团队工作、集体行动，甚至是不法的朋党为奸、官商勾结等方式，破除这样的孤独感；至于资源不足或没那么聪明的人，往往就得直接面对赤裸裸的孤独。一方面是社会条件让他们不见容于这个世界，另一方面则是他们没有足够的本事凝聚彼此，共同利用外部事件来消除自身的孤独。

然而，不管怎样，只要身为B型人格者，终其一生，都会不断体会到孤独感，不论如何描述它，也不管形式为何：口才不好、个性太直、看别人不顺眼、刚正不阿、不同流合污、有距离感、疑心病太重、做人拖拖拉拉……不论任何理由，背后共同的语言，就是“孤独”。这是B型人格者一生的功课。

病态人格不等式

在理解了B型人格的共通特质之后，接下来将进一步深入了解B型人格的四个子人格：自恋型人格、表演型人格、反社会型人格与边缘型人格。

这四个面向可以和平共存于同一位B型人格者身上，也可以是某几个面向特别突出，而某几个面向特别不明显，甚至几乎难以觉察。当某个面向取得了主导性地位时，我们就不再使用“B型人格”这个字眼，而改口称“自恋型人格”/“表演型人格”/“反社会型人格”/“边缘型人格”了。不过，在此之前，我们得先提及一个“病态人格不等式”：

修正因子 = 社会资源 + 聪明才智 + 经济条件

病态条件：“人格与社会普遍水平的偏差”减“修正因子”大于“社

会常态能容忍的极限”

“病态人格不等式”的意义在于说明：活在集体社会中的一个个体，何时会被视为人格障碍。

我们先把人格障碍（Personality disorder）的原文拆成三个词：“人格（Personality）”“违反（dis-）”与“常态（order）”。我们马上就能看到，所谓人格障碍的出现，不只是个人的问题，还要有社会的参与。举例来说，倘若社会本身有问题，“常态”过度僵化，那么人格障碍的定义就会过于泛滥。就像在一名年轻精神科医生眼中不算什么的“年轻人率性之举”，在老古板的精神科医生眼中，可能统统都会变成“人格障碍”的问题。

再进一步看到“修正因子”时，我们可以注意到，一个人的社会经济地位会高度影响人格障碍的诊断。因此我们常开玩笑说：许多达官显要，要不是处于这样的社会地位，有强大的“修正因子”，不然他的行为举止还挺像某某病人的。虽然这只是玩笑话，但某种程度上却也指出了部分事实。

在后续的章节里，我们将陆续认识B型人格中的各种子人格，而各位也可能发现自己或亲友似乎有该种“人格障碍”。此时，不该只是看这个人的问题有多严重，更应该注意两件事情：他的“修正因子”如何？“环境要素”如何？请各位以更灵活的视角去看待事情，而不是马上对号入座，开始找寻哪个症状跟对方的言行契合。

如果当事人的问题并不严重，依然属于正常健康的范围，我们便称之为“人格倾向”；如果人格偏差剧烈，已经达到病态，就称为“人格障碍”。而在第3章到第6章的章末，分别会放上各子人格的“人格障碍诊断标准”，这是出自DSM-5的标准诊断量表。在这些量表中，我们可以看见人格障碍者实际上会有哪些行为表现，以及专业人士在进行诊断时所遵循的准则；各位也可利用这些诊断量表进行自我检测，若发现自己有人格障碍的可能性，请尽早向专业人士寻求进一步帮助。但是请记得，真正的诊断必须由学有专精的专业人士进行，请勿擅自对号入座。

第3章

孤独的神祇
——自恋型人格

绝大多数的人一看见“自恋型人格”，马上就会联想到自大、自私、无视旁人眼光、我行我素、不讲道理、以自我为中心的麻烦人物。

这种想法大部分是对的，然而，自恋型人格的版本有很多种，有些是大家很熟悉的，一眼就能认出；有些可能压根不会让人联想到“自恋”。

典型自恋型人格障碍

我们先从经典版本看起。

“等等，不要动！”男子大吼。护理师被吓了一跳，转头看着我。“你要给我填的是什么东西？”

“这只是一般的同意书。进行心理治疗前，依照治疗伦理，都必须要填写……”

“这个我比你懂多了，少跟我来这一套。你们在搞些什么把戏，我清楚得很。让我看看！”男子粗鲁地把一整沓文件抢了过去，煞有介事地一张一张翻着；看了半天，又一张一张翻回来。“嗯，写得还算可以，勉勉强强。这种事情，我就不跟你们计较太多了。”

“那我可以带您到会谈室了吗？”

“你这是什么态度？我都还没签同意书，你就要叫我到会谈室？急着赚钱也不是这样啊！”

护理师有些委屈。“先生，这里是前台，旁边就是过道，那边都是会谈室，您说话那么大声，我担心会影响其他人。拜托您，不要再闹了，好吗？”

“你说我讲话大声？你说我故意在闹——”男子还想说些什么，但我直接打断。“我想，以您的身份，您还不至于会在这种小事上过不去吧。您应该只是想弄清楚状况。显然，您一向做事严谨。”

“就是说！”男子哼了一声，转头看我，忽然堆起满脸的笑，“您就是院长？久仰久仰！”

“您客气了。让您一直站在这里，真的很不好意思。我们先到房间里找个地方坐下吧！”我比了个手势。男子也就不吭一声，乖乖跟着来到会谈室。

“相信您今天决定前来咨询，绝对不是一件简单的事。”我开门见山地说，“绝大多数像您这样有身份地位的商业人士，要有勇气跨出这一步，是根本办不到的。”

“就是！我跟我同事说‘我一定会去’，但他们没一个相信，还打赌我不敢。瞧，我这不就来了？我看他们明天要拿什么脸见我！”男子原本还翻着同意书，索性不看了，直接签了名，交给正要离开的护理师。

“我今天其实不是为了我自己而来的，是为我那群同事，还有那个猪头主管来的。我要问的问题只有一个：要怎样才能跟那群心眼小、容易眼红、见不得人好、处处都想刁难你、打压你的小人，生活在一个空间？”

男子讲了一个故事，关于他从创业合伙人开始，后来遭到边缘化，到最后成为单纯的股东，但依然在公司身居要职。“这很明显嘛！就是他们联合起来排挤我。就因为我掌握关键技术，整个公司都靠我，没有我不行，所以不敢赶我走，恨得牙痒痒，整天找我的茬。那些搞不清楚状况的年轻人只会趋炎附势，就差没鼓掌叫好了，背地里都在说我的坏话，不要以为我都不知道。”

“所以，他们叫你今天来看医生？”

“对！你说这过不过分？欺负人也就算了，现在还爬到我头上，说一切都是我的问题，是我自己幻想出来的，没人在搞鬼；他们都是一片好意，是我自己有问题，我是神经病，我得吃药！”

“你可以不理他们啊！”

“当然！”男子先是趾高气昂地应了一声，停了半晌。“后来总经理对我说，我不可以拿刀上班，吓到客户了。奇怪，不过是一把很普通的菜刀，那群人竟然吓成那样。我不想让他难做人，都是多年的老朋友嘛，我就爽快地答应了。停岗就停岗，老子也没在怕。只是在家待了几天，我老婆就突然说她要带小孩回娘家，也没说什么时候回来。我实在闷得慌，心想反正没事，既然他们要个证明，我就来给院长您看一下。你看我到现在也没胡言乱语，也没乱打人，精神应该很正常。我可以走了吧？对了，我要一张诊断证明书，不，要两张，诊断要写那个……我上网查过了，明明抄下来了，对，就是这个，一定要这样写，一个字也不能改。麻烦你快一点，我赶时间。钱不是问题，虽然时间还没到，但我按全额给你付。唉，不必犹豫了，您是权威，说什么就算什么，我上网查过了，就您的收费最贵，我才找上您的，您一定很清楚我没有精神问题。我坐在这边等您，您写快点喔。”

这是一位“典型自恋型人格障碍”患者，已经到了疾病的程度。光是在会谈室相处的几分钟，就让我备感压力，恨不得早点结束。他一开始在前台的表现，显示了“处处都是我的权力展示场”，他只在乎自己的唯一来意：取得一张“精神正常”的诊断书，其他的人、事、物全都不在乎。护理师的感觉，他察觉不到；在过道上大声喧哗会吵到其他客人，他不介意；他唯一买单的，就是对他膨胀自我的吹捧。

会带刀到办公室，不难想象他在公司的冲突已经闹到多大；而他还没被开除，也相信是公司自有考虑，无论是创业伙伴念旧、他握有公司把柄，还是其他，但应该不会是如他自吹自擂的那般：他太优秀了，公司没他不行。然而，他完全不认为问题有可能出在自己身上。

比较有意思的，是姿态这么高的他，为何要“屈服”于公司，来“索取”一张诊断书，以作为恢复上班的条件？其实，在没人看见时，他未必真如外表那么强势。在老婆带小孩回娘家，得独自面对空荡荡的屋子，而且日复一日的时候，他是否曾经痛苦过、后悔过？如今的倨傲姿态，是否只为了掩饰内心巨大的挫败感？当然，我是没有机会从他口中听到这些了。

不过，从他身上，我们可以看见传统概念上的自恋型人格，特别是已经达到“自恋型人格障碍”的患者。自恋型人格的表面特质包括：

一、只关心自己，完全不在意别人。不但无法同理别人，甚至无法感受别人的存在，对他而言，全世界只有他一个人，其他人都只是工具。

二、自觉带有天命，深信自己的言行举止都是特殊的，容易对自己的能力、魅力、影响力评价过高，并与现实有明显落差。许多自恋型人格障碍患者，在不得不面对现实时，会显得极度崩溃，不少人会指控别人从中作梗，将自己的挫败感转为怒气，发泄在别人身上；另外有些人则采取逃避的方式，完全不想面对。

三、控制欲强，喜欢命令别人，态度傲慢无礼，容易与团体其他成员发生冲突，且难以觉察到是自己的问题，反而会认为是别人在针对自己、嫉妒自己、处处打压自己。

非典型自恋型人格障碍

然而，如果我们认为自恋型人格都是这个样子，那可就大错特错了。东方社会里的自恋型人格，可以用一种完全相反的姿态出现在你我身边，让人难以觉察到他们的存在，即“非典型自恋型人格障碍”。

“我经常跟他们几个孩子说，我们做人要谦卑，知足常乐。”一位妇人静静地说，“我们的生活虽然比人家好过，不用为一日三餐烦恼，但世界上还有很多很辛苦的人，我们不要为难人家，要给人家方便。每次看到那些辛苦的人，我总是会很难过，很自责，恨自己能力不够，不能帮助他们过上更好的日子。后来有一位朋友的孩子要出国，家里经济出了状况，正想放弃，我二话不说全额资助，直到他拿到学位！”

她就用这样的语气，一口气讲了三十分钟，完全没有要停下来的意思。“你知道那孩子发自内心的那句话，让我听了有多感动吗？我这个人，不用名牌，不跟人比较；别人伤害我，我也不会记仇。我唯一的心愿，就是看见别人好，这样我就开心了……”

我忍不住打断她：“那你女儿为什么搬出去住？”

妇人脸色大变。“她就是不懂得感恩！不了解我的苦心，不只她，他们几个姓陈的都跟他爸一个样，无情无义。因为知道他爸好说话，开口就有钱，所以全护着他。我这一生全都奉献给了这个家，三个小孩都是我一手带大的，他们的爸爸除了会在外面玩女人，还会什么？我每天从早忙到晚，结果现在三个都黏着爸爸，根本没人在乎我！”

“但你不是说，那时候你得抑郁症，想从后面花园的阳台跳下去，结果两名外佣赶忙抱住你；孩子们个子不够高，只能抱住你的脚大哭，求你不要跳？你老公不也马上从上海赶回来看你？”

妇人竟然笑了出来。“其实，我是故意吓吓他们的，我才不会笨到真的跳下去，那多丢脸！我是要让他们明白，有个爱他们的妈妈有多重要。做人要懂得珍惜，不要等到失去了，后悔也来不及。至于我老公嘛，他在外面赚钱很辛苦我也知道，但我就是看不惯他那张嘴脸，动不动就说：‘没事？太闷？太闲就去找朋友聊天啊！就去学东西啊！’他又不是不知道，我不喜欢跟那些三姑六婆在那儿东家长西家短，讲一些没水平的话。而且我又没啥爱好，还一直催我去学画画、学唱歌，我就是没兴趣啊！”

后来，从这位妇人的先生口中得知，她本来有项唯一的爱好，就是跟那些三姑六婆东家长西家短。但不知道怎么回事，有天她气冲冲地回家，闹脾气闹了一个月，从此再也不去找那些朋友了。听说是弄错了一道菜的吃法，当众被羞辱了一番，她掀了桌子，起身就走，扬言对方如果不道歉，她就再也不跟对方说话了。结果对方一直没道歉，而她那个月一直守着电话，坐立难安，“抑郁症”就是从那个时候开始的，一直服药到现在，也试过各种偏方或求神问卜，一概无效。

“他们从来没搞清楚，我要的是什么。”妇人恢复平静，“这些年来，我过得并不快乐，但是没关系，我不在乎。我是个没用的人，我什么都不会，就算死了也没有关系。我唯一的乐趣，就是看见别人快乐，那我就快乐了。没有人能明白我的心情。虽然遗憾，但是没关系，这点苦我愿意承受；大家的问题，都让我一个人来承担好了。我扛得起，我一点也不怨天尤人。”

从大女儿口中得知，现在的妈妈最让他们困扰的，就是整天在家里怨天尤人；除了退休的老爸，没人愿意跟她住在一起。小女儿刚回国，自告奋勇尝试和爸妈同住一个月后就受不了，逃难似的搬了出来。

“从小，我们就是看着妈妈发飙、闹情绪、闹自杀长大的。”小女儿说，“后来，听说她去看了医生，医生说她是抑郁症，需要定期服药控制。状况是有所好转，但她还是天天抱怨没人理她，大家都丢下她一个人不管。可是我们都有自己的事情要忙啊！医生建议她培养自己的爱好，但她统统拒绝：学油画，她说那是花钱学涂鸦；参加社区合唱团，她就说那是过了赏味期的花瓶在台上自取其辱；学计算机，她连鼠标都不会用，竟然去报名技能认证班，然后一堂课都没去，才哭着说教材她都看不懂。她只愿意缩在家里唉声叹气，怪我们几个小孩拖累了她一辈子，她的心情都没人能懂。老实讲，我们也不想懂……”

这是个常见的故事，在正常状态下，她一定会被当成抑郁症患者，然后怎么治也治不好，连家属都被她烦到一起身患抑郁症。

有一句我们常听到的话，虽然通常无济于事，用在这里却能一语破的：“自己不愿意走出来，别人也没办法。”但问题是，从哪里走出来？

如果是指从她的“自恋”中走出来，那这句话就说得太漂亮了。

虽然她满口说着自己热心助人，“看见别人快乐，我就快乐”，但她没说的是“因为有我的帮忙”。某种程度上，她是把自己当成观世音菩萨了，只不过，她在乎的不是别人的苦难，而是自己救苦救难的能力与特殊身份。

所以，对于别人家的小孩，三年学费全出也无妨，因为能成就一段传奇般的佳话，以及使自我感觉良好；但自家孩子抱着自己的腿，声嘶力竭地大哭，她却不心疼，因为她要让小孩领悟“珍惜妈妈有多重要”的真理，顺便确认一下老公是否依然听话。

唯一没有在她计划之中的，是那场丢光颜面的聚会。她从未想过，自己会在众人面前被逼得下不了台，还做出无可挽回的举动：翻桌走人，并以绝交来威胁对方道歉。

观世音菩萨露馅了，还完全没台阶下。自视甚高的她做梦也没有想到：这些没文化、没慈悲心、只有几个臭钱的女人，竟然能将她踹下莲座，让她一败涂地，输到不能再输的地步，让玻璃心彻底碎裂。

她去看了医生，拿到了“抑郁症”的诊断。从此，她一边努力地想爬回莲座，继续当她的观世音；一边兼职当个“职业病人”，认真生病——“抑郁症”这个借口的用途可多了，比万金油还好用。如果没有抑郁症，她怎么会做出这种蠢事？她怎么会一反常态，整天缩在家不出门？要不是看在她生病的份儿上，老公可能早就被闹到想离婚了，而小孩怎么跟别人解释，自己的妈妈每天无所事事待在家里，也从不参加学校或家族的活动？

她也是一位自恋型人格障碍患者，只是不像第一位那么严重而已：虽然不盛气凌人，但是更难缠、更让人头痛。看似处处为他人着想，但别人只是成就自己的工具。在她的世界里，慈悲、施舍、代人受苦变成一种优越的表现，因为那是凡夫俗子做不到的事，只有“带天命”的她，才能一肩挑起这样的重责大任；至于凡人都能学的爱好，对她却变得无比困难；就连学计算机，她也要从专业的技能认证班开始，眼高手低的结果，只好以逃避收场。

自恋型人格倾向

到目前为止，我们看见的都是人格障碍的状况，那么，更常见的自恋型人格倾向者会是什么模样呢？也许你想象不到，我们可能会见到一个截然不同的样貌。尽管一样以“自恋”为基础，但人格障碍者常常为难别人，人格倾向者却容易为难自己。那些为数更多的自恋型人格倾向者往往受困于自己的人格特质，作茧自缚，深陷于长期的孤独感与悔恨。让人很难想象，他们都同为自恋型人格；唯一的差别只在一个是人格障碍患者，一个不是。

“我是超级话题终结者。我只要开口，所有人马上沉默。Facebook 也好，LINE也好，真实生活也好，全都一样。我不知道哪里出了问题。”年轻男子苦恼地说，“连在网络上发言，都会跑出一些我没见过的键盘侠来酸我，讲得很难听，可是我根本不记得自己何时得罪过他们。现实生活也一样。有一次，我在跟别人说话，冷不防一个同学走过，撂了一句‘跟他说这么多没用啦’，人就走了。”

“你觉得他们为什么要这么做？”

“我觉得他们有点瞧不起我。也许是看我比较老实吧？反应没有他们快，所以故意不理我。其实，从小就是这样，我总是落单，每次活动分组的时候，我都担心没人要跟我一组；聊天的时候，同学也都把我当空气。我很讨厌这样，所以拼命考上第一志愿。没想到，上了大学之后更严重。班上同学几乎都不理我。社团同学更怪，一开始大家对我还算好，我也觉得比较自在；但时间久了，其他人各自熟识，我还是孤零零一个人，没人同我一起进行社团活动。”

这个抑郁的大男孩讲了一大堆关于他的故事，多半是他对这个问题的各种推论，除此之外，就是他对世界的各种看法、个人梦想，以及将来想要做的事。我刻意引导他谈谈自己，意外发现他的兴趣相当广泛，从社会不平等、阶级世袭、教育改革、政治体制、同志议题，甚至连精神疾病患者标签化、英国脱欧等，他都有许多看法，而且有不少相当独特的见解。有趣的是，一说到这些，大男孩仿佛忘了先前的抑郁，眼中闪耀着光芒。“总之，我将来一定要功成名就，让他们后悔，当初不应该这样冷落我！”

我慢慢明白他的问题所在了。“你从大学开始就对那些议题感兴趣，可是你在大学参加的社团，却没有一个跟兴趣有关，为什么？”

这名男子顿时语塞，支支吾吾地解释了半天。

“你有没有想过一件事？你并不是找不到志同道合的朋友，而是故意避开他们？你的兴趣虽然很广泛，但你对自己没有信心。真要你加入某个社团、跟一群有相同爱好的人在一起时，你反而会担心自己懂得没人家多，怕自己讲的话太肤浅。所以，跟一群没有交集的人在一起时，尽管没人想听你说话，但至少你是独一无二的，而你就是喜欢这种感觉：虽然孤单，但至少安全，还可以随你胡言乱语，反正没人懂。”

我依稀可以听见玻璃心破碎扭曲吱嘎作响的声音。

自恋的性格让他无法忍受“自己也会犯错”，但他不像患者那样罔顾事实、指鹿为马，所以得设法隐藏自己出错时的窘态。他选择了一个很糟糕的解决办法：找对方最不感兴趣的话题来聊天。对方因为没兴趣，自然也不熟悉相关的议题；就算他讲错了，也根本分辨不出来——坦白说，也没兴趣指正，比如对爱车族说哪里买猫砂最便宜，向猫奴讲述引擎传动系统原理，在哲学讨论组大谈“保时捷911”。结果不用想也知道，客套几句之后，对方必定想一走了之，或是一片沉默，甚至直接翻白眼。

于是他成了一名怪咖，总说着“不合时宜”的话，有时还会激怒别人，认为他故意捣乱，因而招致不满。此时，他也只能激励自己："他们都不了解我，大家都否定我、看轻我，一如史上许多伟大人物在发光发热前，都曾经历过的那段落寞岁月。总有一天，我终将让你们刮目相看！"

更糟糕的是，如果有人对他伸出友谊之手，或者试图亲近他，他反而会落荒而逃，因为他对自己的期待跟神一样高，不愿意被人发现自己不够完美，使得故事就此陷入无解的僵局：他期待被了解，不断努力发光发热，希望引起别人的注意；等到梦想成真，他又开始害怕被了解，加速逃离，再去寻找另一个全新而陌生的领域，上演下一段被拒绝、忍受与努力的故事。

事实上，每个自恋型人格倾向者都各有心中永远的痛：扛不起的面子、搞不定的心情、分不清的人我界限，往往把他们逼得无路可退。你在他们身上找不到一丝傲慢自大的痕迹，相反，他们亲切客气到近乎卑微，只为了深藏心底那不欲人知的故事。

几位敏感的当事人在他们的自我剖析中，精确地勾勒出自恋型人格倾向者遭遇到的各种困境：

我总觉得自己一生都在努力，努力再努力，无止境地鞭策自己，希望自己可以像神一般完美。可是，当别人开始赞美我的时候，我又开始感到恐惧与自我怀疑，害怕被人发现任何破绽。如果心情好，我可能会得意地接受别人的赞美、炫耀自己、吸引别人的目光；等到心情变坏，我又会骂自己是个笨蛋，为什么要没事找事，引得这么多人来挑我毛病？

我很难有朋友——不是说他们不跟我交朋友，而是我常常怀疑自己是否有资格当他们的朋友。每当心情不好，我就很担心别人发现我只是草包一个，什么都不是，什么都没有；然而心情好的时候，这些想法就全都没了，我会觉得自己很行，会去结交更多朋友、慷慨大方地答应更多事情。虽然我知道，等到明天心情一转坏，这些承诺统统会变成空头支票，我再也不想见这些朋友，但当下就是控制不住。

或许真如你所说的，我把别人都当成自己的一部分，但别人可没把我看得和他们自己一样。我把他们当成自己，所以无条件地付出，不求回报；但当我向别人求助时，他们却袖手旁观，因为他们很清楚，我是我，他是他，他们没必要帮我。医生说得很对，自恋型人格并不自私，只是看不见别人，看见的都是自己，所以也只会用爱自己的方式来爱别人。在遇到您之前，我好几次绝望到想自我了断，也不明白自己前世是造了多少孽，这辈子要这样被人家糟蹋——掏心掏肺到这种地步，得到的回报竟然是这样！

各位不妨回头从第一个案例开始看起。同样是自恋型人格，人格障碍与人格倾向的表现竟然如此天差地别。相信大家应该比较能理解，在书写上，究竟要站在保护旁人免受人格障碍者伤害的立场，还是要从协助人格倾向者挣脱牢笼、重启人生的角度，真是难以斟酌的一件事。

最后，我将自恋型人格的“核心特质”整理如下，各位不妨与先前的“表面特质”拿来互相比较：

一、自恋型人格者有个过度膨胀的自己，但这不是当事人自己能控制的。当事人终其一生都得扛着这么巨大而沉重的自己。对外来说，是一张放不下的老脸；对内来说，则是一颗碰不得的玻璃心。

二、自恋型人格者并非自私自利，而是眼中只有自己，他们会把所有人都当成自己来对待，过度关心、没有界限，甚至当成自己来控制（控制欲）。当他们发现别人跟自己切割得很干净时，通常会相当崩溃，会因觉得自己遭背叛而愤怒，且对别人为何这么做感到不明所以。

三、自恋型人格者对自己的期待过高，患得患失，会严重影响心情。当事人不断寻找能支持“我很优秀”的证据，倘若有，心情会变好，表现得过度自信；倘若遭到挫败，或是现实的打击，则会转而崩溃。

四、有些时候，自恋型人格者可能根本不愿意面对现实，会想出各种方式来逃避。就像那位年轻男子，与人聊天时会特地挑最不合时宜的话题，以提高自己的安全感。这种行为往往会让人际关系进一步恶化，让误解更严重。

自恋型人格障碍诊断标准

从成年期早期开始（通常指近二十岁到三十岁之前），在行事作风中明显可见：自恋性幻想（或行为）、对于被阿谀赞美的渴求，以及同理心的匮乏。具体的界定方式，就是在下列九个要点中符合五个要点（或以上）：

一、有一种“我很重要”的自恋感，例如：刻意夸大自身成就与天赋，期待被赞许为卓越者——即便没有相称的成就作为佐证。

二、无止境地沉溺于想象中的成功、权力、显赫、美貌，或理想化爱情的追求上。

三、坚信自己是特别的、独一无二的，自己的真正价值也仅有少数伯乐能理解；或者，坚信自己应该被归类到那些特别的、高端的卓越人士或组织。

四、对赞美的渴望超过一般人。

五、认为自己有某些特权（例如，在毫无理由的前提下，相信自己应该得到特殊待遇，或别人会主动顺从自己心意）。

六、掠夺性的人际关系（例如，利用别人达成自己的目的）。

七、缺乏同理心，没有意愿去觉察或认同别人的情绪与需求。

八、时常嫉妒别人，或者，认为别人嫉妒自己。

九、显现出自大、傲慢的行为或态度。

第4章

找不到自己脸孔的演员
——表演型人格

“我觉得他的抑郁症已经很严重了，但是，他一直不愿意来，我实在很担心。”一对年轻夫妻坐在会谈室中，先生始终一言不发，太太则已泪流满面。“不知道有没有什么办法可以劝他接受治疗，不然这样下去……”

“没有用的。我的问题没有解决的办法。我自已很清楚。”年轻的丈夫突然开口，转头看了太太一眼。“因为我太爱我太太了。我无法承受那样的结局。她会很难过。我看了心会很痛。我无法承受，但我又不得不那么做。”

“他说他要离婚。”太太说，“他说知道我会很伤心，但他必须听从内心的声音，因为他渐渐感觉不到对我的爱了。他不知道再这样下去，两个人要怎么继续生活。他叫我早点去找另一个对象，不要辜负我的青春，但我不想连试都没试就放弃。”

“你何时开始感觉不到你对太太的爱？”

“就从三年前婚礼时的争吵开始。”男子讲了一个长辈强行干涉年轻人婚礼的传统故事。“我没有生气，只是心冷了，就像整个人逐渐被黑洞给吸光似的。我没力气对抗了，受够了，但这不是我太太的错，我知道。”

“你是在那时候认识她的吗？”太太突然单刀直入。

“就说跟那女人没关系。”男子皱起眉，“我会跟她上床，是因为我想找回对爱情的热情，但那是另外一回事。问题在于我对你的爱持续消失，这让我很难过，但我也没办法，每当我想到你一个人孤单地想着我的样子，我就难过到要死。可是你不让我离婚，两个人勉强在一起让我更难受。”

“既然你说不爱她，那为什么我们不能一起努力，重新来过？”太太紧握先生的手。

“那个感觉不见了。逝去的美好时光不会再回来了，就像熄灭的火种，再也点不起来，我对你已经没有热情，在一起的每一分每一秒都很痛苦，我抑郁了，生不如死……”

这是在演哪出？我在内心嘀咕着。“那女人抱着你的孩子来找你了吗？”

男子呆住了，许久，才点了点头。太太也呆住了。我决定当机立断，请先生暂时离开会谈室。

“您说这不是抑郁症，那我就不知道该怎么办了。”太太激动地说，“我不明白，他怎么突然像换了一个人似的，我几乎不认识。我以前的个性比较封闭，就像关在一个小房间里；他像个魔术师，从墙上的画中走进来，开了窗，让我看见了世界。他做的每件事，都让我惊奇万分；不管说什么，我都觉得很有趣，每件事情都跟做梦一样——直到婚礼上发生那些事，他突然大发雷霆，整整一个星期不理我，之后跟我的关系就一直怪怪的。我最近才从他口中得知外遇的事情，而且到刚刚才知道他和那个女人有小孩！我该怎么办？为什么会这样？他根本是两个完全不一样的人。医生，他中邪了吗？”

“不，你遇上了一个表演型人格障碍的男人。”

表演型人格障碍

有一句话是这么说的：“表演型人格者如果注意着你，你将是全天下最幸福的人；如果他把注意力从你身上移开，你马上会从天堂掉到地狱。”

不管任何场合，表演型人格者总有办法吸引所有人的目光：他们把日常生活当成舞台，自己是主角，其他人全都是观众，而他们的一举一动也都是某场演出里的一个桥段。时而是古装剧，时而是现代剧，时而是家庭伦理大悲剧，时而又上演合家欢。戏与戏之间的切换就像转换频道，却连按按钮都不必。尽管不动声色，但行止间，剧情已转，没有人知道他们此时此刻正在上演的是哪一出戏——甚至，连他们自己也不知道，因为表演型人格者根本不知道自己在演戏。他们总是很“入戏”地把所有情绪、气力与动作都投入自己的演出，演到精彩之处，甚至还会被自己感动——只是维持不了多久，又会被下一出戏覆盖。

他们这么做的唯一目的，就是吸引大家的目光，至于是正面评价还是负面评价，他们并不在乎。因此，使用挑衅或充满性暗示的态度与别人互动的情况并不少见，也常挑起各种争议事件。另外，为了吸引别人的注意，表演型人格者乐于用夸张的言行来表演，以提高自己的吸睛度，但这往往会让人觉得他们的言行举止太过表面、肤浅、不够真实。

在某种程度上，群众的注意力本身，对于表演型人格者而言就是一种能量：越多人注意，他们的演出就越精彩；然而，也因为太在乎群众的反应，表演型人格者很容易受到别人的影响或集体的暗示，从而很难让心情保持在稳定的状态。

从主观的角度来说，表演型人格者是很“真诚”地在表演每一出戏，不过因为同时参演了很多戏，所以他们也可以在同时间集数种“真诚”于一身，彼此互不冲突，特别是偏差到表演型人格障碍的时候，患者会毫无自觉地让多重“真实”集于一身。

如果各位够仔细的话，就会注意到：这位丈夫在说出外遇情节时，是如此自然随意，毫无迟疑与保留。即便身旁坐着自己的太太，依然能将外遇情节主动交代得如此清晰：“……我会跟她上床，是因为我想找回对爱情的热情，但那是另外一回事。问题在于我对你的爱持续消失，这让我很难过……”这段话听在一般人耳里，难免会纳闷：为了找回对爱情的热情，所以要跟另一个女人上床？这是哪门子说法？为什么他可以这么振振有词，还可以坦然自若地继续说“那是另外一回事”“问题在于我对你的爱持续消失，这让我很难过”？如果是一般玩弄感情的人渣，在面对自己的残忍时，会流露出冷酷的感觉，但这位丈夫根本没察觉到自己的行为有任何不妥，理所当然地讲了下去。

这是什么原因呢？关键就在于表演型人格障碍者的真实世界，不过是由许多场戏所组成的：深爱太太的那个“他”，和与别人外遇的“他”，是不同戏里的男主角，彼此不冲突。因此他认为：当自己对太太失去热情时，到另外一个世界里找另一个女人来验证，是合情合理的，没有什么好大惊小怪的。此时的他，对太太完全没有同理心，也根本不知道这一举动带来的伤害有多深。

他口中说出的话语，仿佛在展示自己有多么在意太太似的，但任谁都听得出来，隐藏在那堆华丽而肤浅的词藻背后的，就只是“我想离婚”这四个字而已。真正的原因不得而知，很可能是外遇对象抱着小孩来威胁他，甚至是对方手中还握有更多把柄，让他急着想处理掉原有的婚姻。

但是让太太困惑的是，他以前并不是这样的人，为何会突然变了？在这里，我们得提一下“聚光灯式同理”的概念：

表演型人格障碍者既然把生活当成舞台，就一定有被他认定的“观众”，他的所有演出也都是为了他们。演员的一切不就是为了观众而生吗？只要能赢得观众的惊奇、赞叹、如痴如醉、满场掌声，表演型人格者愿意费尽心思拼命演出，细心呵护观众的每一丝感受；然而，一旦你不再是他的观众，那么很抱歉，你对他而言便什么也不是。表演型人格障碍者的同理心好比聚光灯，被他们照射到的时候无比温暖；当他们将灯光移开时，就会让人感受到有如从天堂掉入地狱的寒意。

从太太的角度来看，这是何等残忍：她见过一个如此温暖、风趣、热情、开朗的先生，然后，一夕之间，一切都变了。只因另一个女人的威胁，她失去了“观众”的身份，来到了“后台”，她看见表演型人格障碍者华丽外表背后残酷的真相：毫无同理心的对待、粗糙的谎言、近乎儿戏的亲密关系处理。

“我该怎么办？”太太问，“他真的爱过我吗？”

我望着这位年轻女子混杂着期盼、焦虑与绝望的眼神，说：“我只能说，你所经历过的，对你而言全都是真实的。至于他，他曾经相信自己深爱着你，但他并不知道如何爱人，也未曾爱过任何人——无论是你，还是那个女人都一样。他只是想持续获得热情的掌声与全部的注意力。”

跟表演型人格障碍患者谈论“真实”是没有意义的，因为对他们而言，在每一场戏里，他们都是真心的，至于戏与戏之间的矛盾，他们并没有能力自我觉察，正如所谓的“真实谎言”。这是他们的病态所在，也是比“恶意欺瞒”还要可怕的状况：正因为表演型人格障碍患者无法察觉自己行为前后的不一致，所以从他们主观的角度来看，自己是真诚、不作伪、毫无保留的，内心当然也不会有罪恶感或焦虑感。至于前后说法不一致，虽然理性上隐约能感觉到似乎有什么不太对劲，但也不过是日常生活中不断发生的事件：下了一出戏，再上另一出戏而已。纵然时代背景、人物设定多少有点出入，反正没什么大不了的，早就司空见惯了，人脑的认知功能很快就能将之合理化，不会在记忆里留下什么印象，更不会因此学到什么教训。

可想而知，他们的言行举止很容易表现得不一致，人格偏差程度越严重的患者，不一致性会越强烈，自我觉察的能力也会越低，低到甚至连当事人都会反过来质疑：“别人为什么总是不相信我所说的话、我所做的事？”并为此感到沮丧或忿忿不平。

就以前面那位丈夫为例：与其说他曾真心爱着太太，不如说他非常认真地演着一出“深爱妻子”的爱情童话。剧中的他，有如童话中风度翩翩的王子，牵起了不经世事的女主角的手，走向花花绿绿的世界，带给女孩许许多多从未有过的美好。然而，婚礼中长辈的介入让童话下档了，取而代之的是歌颂情欲自主的新时代爱情的剧本。于是，他太太再也找不到那位王子。直到外遇对象抱着孩子出现，“我要活下去”的生存实境秀立刻上档，不善于说谎的他，马上搬出各种拙劣的借口想要脱身。

此时，我们又看见了表演型人格障碍的另一个特点：以自我为中心。在剧中，不管他们表现得多么符合忠孝节义，又有多少百转柔情，也不管现实生活中，他们有多在乎观众的看法，一旦遇到危及自身利益的事，他们马上上演“大逃亡”，弃卒保帅，先保护好自己再说。毕竟，表演型人格障碍患者在乎的，永远只是观众眼中的“自己”，至于观众的事、别人的事，只要跟自己无关，他们统统不在乎。

最后，我们列举表演型人格障碍的几个表面特质。

一、情绪、行为反应的变化极快，夸张而不真实，宛若演戏一般。

二、自己如果不是众人瞩目的焦点，就会非常不舒服。

三、非常在意别人的目光，也会主动利用各种方法来吸引别人的注意力。

四、容易通过具有性暗示或挑衅的言行态度与别人互动。

五、经常说一些令人印象极为深刻的话，却缺乏实质内容。

六、容易被暗示或煽动，但相对的，也擅长暗示或煽动别人。

七、容易过度高估自己的亲和力，但实际上却做不到。

表演型人格倾向

具有表演型人格倾向的人相对容易在现今社会中脱颖而出。很多政治明星、网红、名嘴、心灵导师、活佛大师，或多或少都带着表演型人格倾向。他们原本就有吸引他人目光的强烈动机，也喜欢说一些能够打动群众内心却毫无实质内涵的话。在这个信息爆炸的年代，他们的人格特质与做法都很能掌握那有如白驹过隙的片刻，抢得话语权，在短时间内蹿红，赢得广大粉丝的支持。

更可怕的是，从媒体的角度来看，流量就意味着广告收益；简单来说，越红的人越值得曝光，如此一来的结果，就是不管哪一种媒体，你都会看到一大堆他们的节目或新闻，不想看都不行。

不妨现在就来做个实验：就在此时此刻，请打开YouTube，点选“发烧影片”，就能看到这些影片充斥着拥有表演型人格特质的人物，或他们衍生出来的用词、故事与标题，诸如：“一分钟学会×××”“全面大崩坏”“万人泪崩”“网友全跪了”等夸张、挑逗、吸引注意力的语句。

表演型人格倾向者与你的距离就是如此接近，而且天天都会出现。正因为太过熟悉，我们反而无法觉察到他们的存在。

我们很难分辨，究竟是群众需要他们，还是他们引导着群众。唯一确定的是：这是一个你情我愿的过程。试想，当你站在凯达格兰大道上，无视寒风刺骨或烈日当空或大雨磅礴，路上挤满来自各地的男女老幼，也不断传来“人数已破××万人”的消息。此时，每一双眼睛都望着你，你的每一个动作、每一句话都会引起惊天动地的回响——

如果没有表演型人格倾向，我想，恐怕还挺不住这样的场面。

然而，光是具备表演型人格倾向，并不代表对方必然拥有同等高度的语言表达力、群众心理驾驭力、临场反应力、运筹规划力与情绪管控力，更不代表他必然拥有恰到好处的天时地利人和、社会经济地位，以及各方面的背景条件。因此，表演型人格倾向者到底会有什么样的发展，将受到“能力”与“资源”两者的限制。倘若将“表演型人格”视为一场高速赛车，“能力”就是赛车手的驾驶技术。

但为数最多的，其实是资源不足的表演型人格倾向者。他们往往分布在社会各个风险偏高的角落里，从事八大行业、演艺事业与新创产业的比例也相对较高，在网络当道的年代里，能力较强的表演型人格倾向者，借此独创一番事业或崭露头角者也不在少数。

相对的，少数资源充足的表演型人格倾向者就有如性能卓越的跑车，需要更高超的技术来驾驭，倘若能成功，自然大放异彩；如果心理承受能力较弱，或是他的能力驾驭不了，那么结果可能就是一场悲剧。

所以，表演型人格倾向者的生命故事往往趋向M型化[①]，不是极好，就是极坏，甚至在盖棺定论前，都还很难论其功过。就像不久前曾发生某知名网红集资卷款潜逃的事件，在爆发之前，粉丝们根本不相信会发生这样的事情，直到图穷匕见，最后的那一刻到来，人们才赫然发现，原来一切完全不是原本想象的那样，所谓的美好，不过是由一

① M型化是日本趋势大师大前研一2005年提出的概念，主要说明中产阶级消失，贫富两极化的现象。这里指表演型人格倾向者的生命故事有如M这个字母一样，极好和极坏居多，处于一般状态的比较少。——编者注

幕又一幕的戏串联起来的罢了。

不过，当我们反向思考：倘若时光倒流，该网红能将财务状况掌握得宜，让金钱缺口不至于大到收拾不了，那么，即便外表呈现出来的美好只是一出出成功演出的舞台剧，但在经过几十年时间的考验后，她安全下庄了，世人又会怎么看她？所有的美名是否依旧？答案恐怕是肯定的。

真与假的界限究竟在哪里？表演型人格倾向者不断挑战我们对"真实"的认知；但有意思的是，同样的问题，也困扰着他们自己。

曾有一位小有名气的命理老师为了小孩的学业来找我。谈论到自己的工作时，对方很直白地叹了口气："不管我说什么，我都有把握让别人相信；唯独没办法说服我自己。就像你说的那些，其实我都知道。从理智上，我完全明白这个小孩的学业表现很杰出，行为也很乖，不会走上我当年的路；但是在情感上，我内心会一直有个声音不断质疑我：少来了，你又想拿那些话唬人。"

表演型人格倾向者无可避免地会陷入自我怀疑的矛盾中，因为他们把自己的人生当作一场永无止境的表演。我们自然可以预期：他的言行举止趋于夸张、充满戏剧效果，好用来吸引别人的注意力，却缺乏真实感。与患者不同的是，他虽然能意识到言行的肤浅与浮夸，却无法控制自己不这么做；相反，越是知道自己的言行很有说服力，越会怀疑自己是不是又在欺骗自己。

"你可能很难想象，至今我仍然非常在乎别人相不相信我说的话。"

一位蓝钻级直销商[①]说，“虽然，从他们的表情与动作来看，我很有把握：我说什么，他们就信什么。但越是这样，我就越焦虑，焦虑忽然有一天醒来，我会失去这样的能力。如果真是这样，我要怎么面对别人和往后的日子？另一方面，我也在自我质疑：‘我是在跟魔鬼打交道，我根本就不该站在那里说那样的话，我是不是根本只想赚钱，什么分享、爱、荣耀的全部是鬼扯？’我也曾经试着离开那样的环境，但马上就失去了所有的热情与精力，变成一个萎靡不振的废物。我发现自己只有站上那舞台，才会像换了一个人似的，马上充满能量，活力旺盛，热情洋溢。但这点让我越来越害怕。我得越来越投入，才能继续感到精力充沛、没有恐惧……我是不是生病了？”

尽管表演型人格倾向者会畏惧自己的能力，但他的演出若是不得青睐，焦虑感就会急剧上升，动作也会变得更夸张。有时候，他们的冲动行为，甚至会让自己或他人置身险境。

过去就曾传出国外主播为了追求效果，在车辆行进间，把头伸到车窗外，还回头对着摄影机唱歌、讲笑话、扮鬼脸，结果突然有根电线杆快速逼近，直接撞上她的脑袋，主播当场爆头身亡，接着画面一片漆黑，只剩下路人的惊呼与救援的声响。整个过程在网络上直播，不少粉丝受到严重惊吓，甚至传出有人出现创伤后应激障碍。表演型人格倾向者为求效果而付出的代价，可能是他们始料未及的。

---

① 中国台湾地区直销商的等级根据市场实力，评级为合格直销商、珍珠级直销商、翡翠级直销商、蓝钻级直销商、二星蓝钻级直销商、三星蓝钻级直销商，等等。——编者注

即便很侥幸的，并没有做出什么太疯狂的举动，也没发生什么不好的事情，然而到了最后，要是所有的努力终归无效，表演型人格倾向者还是很可能会整个人陷入崩溃状态，变得畏畏缩缩，尽可能减少社会互动，退缩在某个角落里，过着自我放逐的日子。

一位企业家在经过某次重大打击后，变得一蹶不振、意志消沉——即便实际上他的产业并未受到太大损害。他的家人以为他得了抑郁症，逼他来就医。

“没有人了解我。站在那个位置上，讲着那种话、干着那种事，搞得大家情绪都很嗨，然后第二天整个人虚脱到不行，这种日子我过不下去了。我宁可踏踏实实地过生活。但是他们不习惯这样的我，他们希望我继续跟以前一样扮小丑，但你知道吗？被大家注意的压力有多大……”

你当真相信他所谓“踏踏实实地过生活”吗？才不！尽管从他家人的口述可以知道，现在的他跟以前判若两人：以前明明最讲究服饰穿搭，如今竟然懒得换洗就出门；昔日最爱打高尔夫球，现在球具天天躺在那里，还说手脚没力不能打；朋友明明很多，但不管朋友怎么邀约，就是不出门，到后来，甚至不接电话，还叫外佣跟别人说他不在家。奇怪的是，他的日常工作表现依然游刃有余，拿起待批示的公文，连手也不抖了，跟一般的抑郁症又不太一样。

原来，虽然他的确有轻度抑郁，但他的表演型人格倾向又在此时发作了：开始扮演一位人间“隐士”，极端强调简单、朴实、一步一个脚印的重要性，完全否定自己过去大方、嚣张、一张嘴打遍天下的作风，才会出现反差这么强烈的形象。

这就是表演型人格倾向者最有趣的地方，就连自暴自弃或生病也带着夸张的成分。我们几乎能预见：未来若能得到贵人相助，或有新的成功事迹，再度回到众人聚焦的舞台上，他就会“活过来”，再次恢复生命力，重现原有纵横四海、豪气冲天的模样。

问题是，他真的有本钱东山再起吗？或者说，能再次蒙机会女神垂青的表演型人格倾向者又有多少呢？谁也说不准，但可以肯定的是，他们终其一生都在准备回到舞台。

因此，表演型人格倾向者的情绪起伏特别大，行为表现的落差也极度明显。

这样的人生恐怕不太好过。

真实世界中，表演型人格倾向者年轻时的人格偏差通常比较严重，随着年龄增长，会在过了四十岁以后渐渐老成，不再像以前那么轻易追逐无谓的事物，比如成为别人关注的焦点、语不惊人死不休、做些没必要的竞争等。这时，他们会开始跟过去的自己打架。

“我的人生只有两个字，那就是‘矛盾’，但我并不后悔。人不轻狂枉少年，总是要趁年轻的时候干些疯狂的事嘛。当然，潇洒总是要付出代价的，我也付出了很多很多。陈医生，你算是跟着我一起变老的，也很清楚我到底干了什么事，你可以坦白地告诉我，我错了吗？”

“要定义对错，就得先确定你要的是什么。如果你要的是安安稳稳的一生、妻儿相伴、稳定的收入；老的时候儿孙满堂、宾客盈门……”

“这不是我要的。就算人生可以重来，我也不要。”

“那你要的是什么？精彩？还有谁能比你的故事更精彩？白手起家，不到二十八岁就赚到人生的第一个一千万；三十三岁公司倒闭，负债八千万；三十九岁东山再起，不但还清所有债务，还在短短五年内让公司营收超过十亿；商业杂志访问你，大学颁给你荣誉学位，EMBA请你去授课。我不知道你现在还要什么？”

“我还要什么？我也不知道。我一直在想，我还没五十岁，难道我的人生就只有这样了吗？这样就到尽头了吗？”

“看来最近大单接多了，野心马上膨胀到比天高。”

“才不，眼前这一切不都只是一场戏？俺曾见金陵玉殿莺啼晓，秦淮水榭花开早，谁知道容易冰消。我建过高楼无数，也宴过宾客万千，但我更知道希望楼塌的人多的是。年纪越大，越明白一件事：我只是导演兼演员，但我不知道制作人（他指的是上帝）要安排什么样的结局，而且我根本没资格插话。也许这场戏到了明天，又要落幕了，终究一场空。不瞒您说，我每天都在想一件事：如果今年公司就倒了，那我剩下的几十年还活得下去吗？我是不是该去自杀？”

“不会的。舞台是你的母亲，它会赐给你神奇的力量。除非你先背弃它，否则，表演型人格者只要站上舞台，谁也打不倒他。”

“舞台是我的母亲？我得好好想想这句话。”

其实，所有的表演型人格倾向者都应该想想这句话。跟“舞台母亲”不要太黏，太黏会依赖，长不大；也不要太远，太远会失去力量，独自走在不会醒的梦魇里。母亲希望你成材、在众人面前发光发热，但不会希望你走偏锋、逞英雄、装潇洒。没人想要看一个草包在台上耍猴戏。要表演可以，先充实自己的本事再说。

表演型人格倾向者本身就是“舞台之子”，幻化万千，无法分类。然而，我们却可以将它总结成几种状态。

一、顺境中的表演型人格倾向：倾向于按照身边大众需求，演出他人所期待的角色，没有自己的中心思想。讨好别人、吸引别人、让自己成为众人瞩目的焦点，就是他们的生命重心。他们是典型的墙头草，哪边人多哪边倒。非常善于讨好大家，在舞台上唱作俱佳。

二、初遇逆境的表演型人格倾向：会开始焦虑，担心失去群众的目光，被大家讨厌。焦虑可能会以愤怒来呈现，也可能以沮丧来呈现。动作通常会越来越夸张，屡屡让人震惊，往往流于不切实际，甚至会做出危害自己或他人的极端之举。

三、长期身处逆境中的表演型人格倾向：倾向于演出“悲情角色”，例如烈士、隐士、愤世嫉俗的边缘人等。因为不想被看见落魄的样子，会尽可能减少被众人发现的机会，并通过悲情角色有效地感动自己。

表演型人格障碍诊断标准

从成年期早期开始（通常指近二十岁到三十岁之前），在行事作风中明显可见：过度情绪化与吸引他人注意力的渴望。具体的界定方式，就是在下列八个要点中符合五个要点（或以上）:

一、如果自己不是被人关注的焦点，就会感到不舒服。

二、与别人互动时，常出现不当的性挑逗，甚至是挑衅行为。

三、情绪的表达相当肤浅，而且转变快速。

四、总是利用外貌来吸引他人注意。

五、讲起话来，多半有太多梗概性、不详尽且含糊的内容，缺乏具体的细节。

六、言行有如在演一场戏剧，带着舞台效果，情绪表现是被夸大的。

七、易受暗示（例如：容易被身旁的人或环境所影响）。

八、他们的人际关系并没有想象中的那么亲密。

第5章

看似“可教化”的常态犯罪者——反社会型人格

谈过B型人格中“相对正面”的两大子人格（自恋型人格与表演型人格），接下来，我们要来探讨B型人格中比较暗黑的两个子人格：反社会型人格与边缘型人格。

读过自恋型人格与表演型人格这两章后，相信大家都已经很习惯：“人格障碍”与“人格倾向”是截然不同的状况，特别是在“人格倾向”的阶段，人格特质不一定是一种负面影响，不少时候反而是正面的力量，会为当事人的生命增添许多不平凡的色彩。

然而，从反社会型人格到边缘型人格，我们将逐渐看见，人格影响已经弊多于利，负面价值远多于正面价值。反社会型人格倾向或许还能产生某种功利主义下的利己价值，然而一旦恶化到人格障碍，这两种子人格都会带来大问题：不是给自己带来莫大的痛苦，就是给他人造成极大的困扰。而这也造成了“反社会型人格倾向”与“反社会型人格障碍”之间的重大差异：前者还有可能叱咤政坛、商场，后者却是长年混黑帮或锒铛入狱。

为什么会有这种现象？首先，我们来看看“反社会型人格”到底是什么样的概念。

从字义上来看，反社会型人格者似乎就会“反社会”，但什么样的行为或人格特质会被视为反社会？

反社会型人格障碍

反社会型人格障碍患者具备许多特征，包括：

一、无视他人存在，通过带有敌意与攻击性的行为等，凭自己的意愿肆意侵害他人的权利。这些行为是广泛且普遍存在于患者生活中的，核心主轴往往充满欺瞒与玩弄的成分。

二、这些敌意与攻击行为可能早从幼年时期就开始出现。患者可能参与霸凌或惊吓他人的举动，可能有虐待动物的记录，也可能有鲁莽处理事务（如纵火）的行为，或有多次参与欺诈、伪造或变造、伤害、偷窃等前科。

三、患者容易因为冲动而出现暴力或危险行为，即便这些行为已经让患者丢掉工作、发生意外、惹上法律问题，甚至是遭到监禁。

四、患者几乎难以从惹是生非的惩罚中得到教训，总是一而再、再而三地重复犯错。

五、患者对于自己的罪行不会感到后悔，但是在面对可预知的惩罚时，却可能表面佯装悔过，但实际上仍旧毫无悔意。

六、患者通常不认为自己需要对罪行负责，还会责难受害者，认为他们才是造成一切的主因。

要分辨反社会型人格障碍患者，是一件非常困难的事情，特别是在没有患者的过往记录，仅凭当下对话与观察时。主要原因在于，反社会型人格者很可能会将自己的问题彻底伪装到完全看不出来，让旁人以为他们是个无辜、可靠、被误解的善良好人。

从精神医学经典《精神医学概要》(*Synopsis of Psychiatry*)的三段叙述中，我们就能看见反社会型人格障碍患者的棘手之处：

一、患者通常会让身为异性的临床医生印象深刻，觉得他们的人格特质是多姿多彩的、迷人的；但身为同性的临床医生却会感觉患者很有操控性、索求无度。

二、在一些平常人会出现焦虑或抑郁的情境中，患者会表现出完全不相衬的处之泰然，对于自己做过的反社会行为，会轻描淡写地解释为那是在自己无意识状态下所做的——但实际上，他们并没有妄想或精神上的问题，现实感完好，语言智力也是良好的。

三、即便是有经验的临床医生，也照样能被患者愚弄：在会谈中，患者可以表现得相当合作与可靠。即便他的内心充满了张力、仇恨、躁动、狂暴，他也有办法隐藏起来。

从上述三段叙述可知，反社会型人格障碍患者有多么狡猾，连经验老到的医生都照样上当受骗；年轻的异性医生甚至可能会迷恋上他们；而他们也总是把自己的罪责推得一干二净。

在诊断反社会型人格障碍的时候，我们会利用DSM-5的诊断规则，同时，患者必须年满十五岁，出现下列特征中的三项或以上：

一、无法服从社会常规或遵守法律，反复触犯法律，甚至遭拘捕。

二、欺骗、惯性说谎、骗人钱财。

三、做事冲动，无法事先规划。

四、躁动、具有攻击性。

五、轻视、忽略自己或别人的安全。

六、持续性的不负责任。例如，反复性地无法维持工作或财务稳定。

七、缺乏反省，合理化自己加诸他人的伤害、威胁与偷窃行为。

由上述这几项特征，各位不难发现：光是从当下的观察与会谈内容，是不足以判定什么的；无论是“惯性说谎”“持续性的不负责任”“反复触犯法律”等，都得从患者过往的记录才有办法得知。而这些，询问患者根本没有用，患者未必会想如实告诉你；即便说了，也未必是真话。

所以，在诊断反社会型人格障碍的时候，会更加倚重患者过往的生命史，包括家族史、童年史、求学史、工作史、物质使用史（泛指药物与毒品的使用）、医疗史，甚至还要求助于警政机构的犯罪记录。

通常，反社会型人格障碍患者从幼年开始，就会不断出现所谓的品行障碍（Conduct disorder），也就是未满十五岁时的反社会行为，包括惯性说谎、偷窃、霸凌、无法遵守学校或社会规范、冲动控制障碍、暴虐易怒、做出一些可能危及别人安全的行为、虐待动物等。其中有一个特点，就是毫无悔意，也不会因为受到惩戒而想改变。这些问题都会在童年史、求学史中显露出来。

工作史则会展现异常短暂的工作经历、失序的生活、无业等经历；物质使用史可能会看见患者有吸毒或酗酒的经历；医疗史则可能会看见患者因暴力斗殴就医的经过。通常，患者会伴随着颇为紊乱的家族史，例如：单亲、隔代教养、被照顾者忽视、低收入户、父母吸毒、高风险家庭等问题。

倘若患者年纪较大，那么警方的犯罪记录就会是一个很好的数据源，因为反社会型人格障碍患者触犯法律的概率是很高的。而另一个辅助的方式，是从脑电波与神经学检查的异常来辅助诊断，因为已有一些证据显示：反社会型人格障碍患者经常出现一些细微的脑部病变。

反社会型人格障碍患者中，男性的比例远高于女性，来自大家庭的比例较高，来自城市中贫穷人口的比例也较高，酗酒者中身患此症的比例尤其高。而反社会型人格障碍患者的近亲同样身患此症的概率，会比一般人高五倍。

至于反社会型人格障碍患者的自我陈述，很遗憾，经过筛选后，我觉得不太有列出来与读者分享的意义。主要的原因有三项：

第一，“惯性说谎”本来就是反社会型人格障碍患者的人格特质之一，他并不会因为跟你建立了良好的治疗关系，就不对你撒谎。在某种意义上，保有自己撒谎的权利，远比留住这段关系的动机来得强烈太多。天底下，没有什么人值得他放弃说谎，就算这个人对他再重要也一样。因此，反社会型人格障碍患者所说的话可信度一向非常低，常常只是为了达成自己的目的而故意讲给你听；一旦时空背景换了，马上又有另一套说法。而且，反社会型人格障碍患者说谎时脸不红气不喘，心跳还不会加速，听者根本很难察觉他说的是真话还是假话。这也让我们不容易听到反社会型人格障碍患者的肺腑之言。

第二，其他人格会遭遇到的问题再严重，顶多是惹人厌、没朋友，却不至于违法乱纪、锒铛入狱，但反社会型人格障碍患者会犯下罪行。他们需要躲警察，生活常常见不得光，何况发病又早，往往使得他们的求学经历因此受到严重影响，再加上他们本来就容易来自贫穷人口，结果就是反社会型人格障碍患者的求学经历普遍偏少。这点影响了他们用字遣词的能力，让他们不善于用精确的语言来表达深度内省的经验，也就无从得知他们内心在想些什么。

第三，反社会型人格障碍患者对其他人的信任感相当低，又善于伪装，非常难以建立有效沟通的紧密治疗关系。如果要对患者进行更深度同理的会谈，实质上有困难。

因此，对于反社会型人格障碍的理解，与其听其言，不如观其行。也就是说：通过事件记录的历史考据法，发挥侦探的精神，对患者过往的言行举止进行缜密的逻辑推论与分析，反而更能“推论”出患者到底在思考些什么。

在中国台湾坊间通俗读物中，书写最完整的，当为中野信子的《病态人格》一书。事实上，早期就是以“病态人格”（psychopath）来称呼反社会型人格障碍的。两者意义相近，只是病态人格的定义比较宽泛，界线比较不明确，因此制定DSM-5的精神病理学家更进一步地找出病态人格的人格分属，将之精确定义为“B型人格”下的“反社会型人格障碍”。可以说，《病态人格》一书的内容，几乎与“反社会型人格障碍”的专论相差无几。

由于反社会型人格障碍需要依赖大量回溯性考据、病理学研究与犯罪学的相关知识，已经偏离本书太远，若各位对于反社会型人格障碍感兴趣，不妨参考《病态人格》一书，那是一本相当精彩且深入浅出的通俗读物。在这里，我们将聚焦另一个离我们生活更接近的主题——反社会型人格倾向。

反社会型人格倾向

曾有人在读DSM-5中有关反社会型人格障碍的内容时——

一、无法服从社会常规或遵守法律。

二、欺骗、惯性说谎、骗人钱财。

三、做事冲动，无法事先规划。

四、躁动、具有攻击性。

五、轻视、忽略自己或别人的安全。

六、持续性的不负责任。

七、缺乏反省，合理化自己加诸他人的伤害、威胁与偷窃行为。

读到这里，忽然喃喃自语："奇怪，这说的不就是我们老板吗？"

或许带了点开玩笑的意味，但这位仁兄却说出许多人对老板的刻板印象，甚至是部分事实——要在商场上打拼，除了外抗"强权"，还要内锄"奸凶"，要是没两把刷子、高超的表达技巧外加铁血政策，可能搞不定。

反社会型人格倾向者虽然一样会触犯法律，但他们侵犯的可能是"性价比较高"的财产权法规，而非抡刀动枪的人格权法规。此外，他们也较有自制力，懂得分寸，不会让自身的冲突性坏了大事。这时，他们在说谎与背叛方面的才华、自我中心、无视他人安危、不受良心的谴责、没有悔意……反而让他们做起事来更加肆无忌惮，也更能从功利性的角度来分析事情，并与其他有权力、有资源的人互相勾结、互相利用，联合击败对手、坐地分赃，为自己谋取最大利益。

“要我干这些事，我还真的干不来。”刚刚提到的那位仁兄承认，“先前，我跟着老板去跟厂商开会，看到那些三头六臂的老江湖，要是没有老板在，我还真不知道要怎么应付。在公司里，虽然大家每天都在暗地里骂他，但没有老板在，我们这些下面的人恐怕都要没饭吃。”

事实上，不少高级主管、民意代表、官员、企业主、创业老板，都带着反社会型人格倾向的特质。曾有网友在网络论坛PTT上留言表示：自己老家选区的民意代表里面，半数有黑道背景。在这种情况下，到底是谁反社会？是有“关系”却与社会没什么关系的他们？还是没有“关系”却与社会大有关系的你我？

“反社会型人格倾向”这个概念挑战着我们对于社会化的道德空间：到底怎么做，才能在这个社会中活得最惬意？

答案恐怕是我们最不愿意听到的：视情况违反当下可以违反的法律与规范，遵守不可以触犯的法律与规范；利用刻板印象赢得别人对自己的好感，尽其所能获取最大的利益。

一项规范或誓言的遵守与否，完全看何者有利。倘若遵守有利，那就遵守；倘若违背的利益更高，那就断然违背。如果合作对自己有利，那就当好朋友；倘若背叛更有利，那就形同陌路。

功利主义的反社会型人格倾向者，靠着身上的狼性，很快就能踩在其他循规蹈矩的人们头上快速向上爬，而且问心无愧，动作毫无迟疑。至于他到底能爬到多高的位置，端看他能把人格倾向中的鲁莽、冲动性自制到什么程度，以及他能耐得住多少性子来接受这个社会的教育与使用个人背景所拥有的资源。

很多年前，一位怀着淘金梦的三温暖[1]健身中心从业者，就为此付出了惨痛的代价，让人们见识到了反社会型人格倾向者的能耐。

一开始，谈得非常顺利，我们都很高兴——当然，该有的礼数一点都没少。当地政府的相关部门主管很快就同意了。于是，资金进来，开始大兴土木。政府各部门也都照我们当时谈定的内容，一关一关地让我们过。

没花太久时间，大楼盖起来了，越来越有样子，大家都很兴奋——现在回想起来，应该早就警觉到事情进行得未免太顺利了，可惜大家都沉浸在即将到来的美梦里，没人想太多。

直到开始装修二楼内部时，我们忽然发现：怎么没有煤气？而最近的天然气管，离我们的建筑还有五十米。我们赶忙请教相关部门，得到的响应都是“我了解看看”几个字，之后就再也没下文。一层一层问都没结果，到最后，只好回去请教那位主管，只见他笑容满面地说：“怎么不早讲呢？”

结果就为了这五十米的煤气管道，这位从业者又足足追加了一半的预算。不然，没有煤气、没有热水的三温暖健身中心可以做什么？那位主管政通人和发大财，不久也升官了。

然而，要能做到像那位主管所为，也是很不容易的：静静看着事情发生，明知一切都将徒劳无功，也知道日后那位从业者会来找他理论，但他就是有本事处之泰然，不疾不徐，不动声色，如此冷静地坐等事情发生，从中获取自己最大的利益。这就是反社会型人格倾向者

① 中国台湾地区将桑拿称作“三温暖”。——编者注

的本色。

近几十年来，全球化经济崛起，也成就了不知多少亿万富翁，而且一个比一个有钱，一个比一个阔绰；财富累积之迅速与丰厚的程度，若说没有繁复的官商勾结组织存在，实在很难令人相信，尤其是在裙带政治盛行的发展中国家。而这样的时空背景，正是反社会型人格倾向者大展身手的好时机。

在某种程度上，反社会型人格倾向者能反映出社会制度的缺陷，以及徒有法条并不足以治理的事实：再怎么严密的司法系统，再怎么良好的社会结构，只要懂得如何通过从中破坏并获取私人利益，反社会型人格倾向者就能取得某种相对性的优势。

然而，反社会型人格倾向者真正的敌人还是自己，毕竟他们带有冲动与鲁莽的特质，在过度放纵或得意时，也可能会因此现出原形，落得个人人喊打的下场。能在短期内取得优势并不难，但能否长期维持？这对于反社会型人格倾向者是一大挑战。

反社会型人格障碍诊断标准

A. 从十五岁开始，就屡屡出现漠视，甚至侵犯他人法律权益的思考（或行为）模式。具体的界定方式，就是在下列七个要点中符合三个要点（或以上）:

一、无法服从社会常规或遵守法律，反复做出违法或破坏社会规范的行为。

二、狡诈虚伪，常见行为有：惯性说谎、使用化名、恶作剧，甚至欺诈，而其目的只是为了自己的利益或觉得好玩。

三、做事冲动，无法事先规划。

四、易怒，容易出现攻击行为。常见行为有：经常斗殴、对他人施暴。

五、行事鲁莽，不在意自己与他人的安危。

六、总是没有责任感，常见的表现包括：工作经历始终异常短暂、财务信用经常出现状况。而且这种情况总是一而再、再而三地出现。

七、缺乏自责、悔恨感，常见的表现有：无动于衷或将自己伤害、虐待他人或偷窃等行为合理化。

B. 满十八岁后才可确定此诊断。

C. 有证据显示：若在十五岁以前发病者，当事人通常患有品行障碍。

D. 当事人的反社会行为并非仅发生于精神分裂症或躁郁症的病程之中，因此无法用它们来解释反社会行为。

第6章

真实与虚幻之间的怨灵
——边缘型人格

很多人一听到边缘型人格，马上就想到割腕、自残、大量吞安眠药、情绪失控等不好的画面。事实上，边缘型人格也确实是助人工作者的梦魇，资历浅一点的，往往闻之而色变，视之为洪水猛兽。

边缘型人格障碍

“她根本不是人！”一位与来访者工作多时的心理咨询师在听见那位来访者自杀的那一刻，情绪失控地脱口而出。这么激烈的字眼，很少出现在助人工作者口中，但也不难想见，她内心有多么挫败。是的，两年的努力，一步又一步，艰辛地走过每个最难熬的时刻；多少次，因为电话那头凄厉的哭声而在午夜惊醒；又有多少次，为了多给这孩子一点窝在办公室的时间而延迟下班。然而，就在一切即将改变、畅快到笑声终于出现在两人之间的当晚，她就走了。

“我知道老师希望我开心，但开心是很辛苦的，我累了。”女孩只留下简短的几个字。

大多数人并不明白：边缘型人格者就像一个纸糊的人偶，是承受不了爱的。偏偏，他们又最渴望爱，而且还分不清楚真实的爱与想象出来的爱。

一位成功对抗边缘型人格肆虐的当事人在多年后说：

我感觉到自己的身体是空的，我很难形容那种空虚的感觉是什么，就好像我身上只有穿在外面的衣服，但里面是空的，什么都没有。不管别人跟我说什么，鼓励也好，称赞也好，安慰也好，愤怒地叫嚣也好，所有的情绪到了本来该是我身体的那个空间以后，就不见了。那种感觉很恐怖。按理说，我应该要有所反应，但是我没有。我唯一感觉到的，是一种混杂着焦虑与恐惧的情绪，弥漫在空气中，是一种空气像冰块冻结似的感觉，让我紧绷到极点。我唯一能做的，就是割腕。美工刀划下去的那一刻，我会感觉冻结的空气仿佛被自己割开了一条缝，我又能够呼吸到空气了。

另一位则是清晰地描绘出她对亲密关系的感觉的变异：

我确定自己没有幻觉，不会莫名其妙多出一张不存在的椅子，我的书桌也不会一觉起来就平白消失。但我与别人的关系却会，不管是亲密关系还是朋友关系都一样。我可能在跟男友通电话的时候，感觉自己是天底下最幸福的女人，然而电话挂掉的那一瞬间，与男友之间的亲密感却突然消失了。我在理性上清楚知道自己有一个男朋友，但情感上却觉得他是陌生人，仿佛我根本不认识他；即便一分钟以前，我还在电话中跟他撒娇，他也才答应明天一早要来看我。我怎么会跟一个陌生人撒娇？这让我极度没有安全感。我不知道发生了什么事，但我就是突然跟他完全不熟。我通常会再打电话过去，而男友会不厌其烦地再次安抚我，那一瞬间，就像停电后复电时那样大放光明，一切又没事了，直到我把电话挂断，一切又再次归于黑暗。我被这种感觉吓坏了，觉得自己疯了，可是，感觉又那么真切。

这两位曾经英勇对抗边缘型人格障碍的患者，在他们部分摆脱了反复割腕、暴食催吐、大量吞药、重复出现的感情障碍，回头审视自己的生命历程时，都提到了许多关键性的经历，而这些经历，也都在长期研究边缘型人格障碍的精神病理学家的著作里找到了线索。

第一个就是“身处异乡的极度不适感”。患者通常形容为“异乡”“异国”“没来过的空间”，在这个空间里，伴随而来的感觉是巨大的焦虑：“压力感无所不在”“空气中飘浮着不寻常的气氛”“感觉上好像有什么大事就要发生”，但他们找不到压力的源头，更不明白到底要发生的是什么事。不过，他们的意识都很清楚：并不是真的以为自己要被带到国外或有坏人要害他们，而是有这种“强烈感觉”，且挥之不去。为了对抗这种感觉，他们通常的办法是割腕，或是吞安眠药，甚至用头撞墙，比较少听到的是用手捏自己的大腿内侧——因为效果明显较差。

对边缘型人格障碍患者而言，割腕的目的大多数不在于自杀，而是借由自我伤害产生的痛苦来转移内在的极度焦虑。因此，边缘型人格障碍患者在回忆割腕经历的时候，经常表示并不感觉疼痛，反而有种紧绷到极点后获得释放的平静。

通常，边缘型人格障碍患者会寻找对自己最“舒服”的方式来割腕，例如：以惯用手持刀，切在非惯用手的内侧，刀痕以横向为主，深浅比较平均。有些社交能力较好、症状相对轻微的边缘型人格障碍患者会选择在上臂处下刀，因为此处的疤痕即便在穿短袖衣物时仍然可以遮掩。

相较之下，非边缘型人格障碍患者割腕时，刀痕较短且杂乱、深浅不一，纵向横向各种方向都有，入刀稍深，出刀浅，多数表示会疼痛。这是比较不一样的地方。

一位边缘型人格障碍患者就曾这么叙述："当我看着伤口上的血珠间隔几毫米一点一点地冒出来，由小逐渐变大，浑圆而殷红的时候，我内心那股莫名的焦虑就宛若被释放了，一种静谧的温馨感逐渐在心中扩大，某种程度上，那是一种享受。"

不过，他也提到边缘型人格障碍患者与割腕的矛盾情结。"其实，割腕的用处并不大，因为效果很短暂，一下子，那种宁静就没了，焦虑马上又回到身边。短期内再割是没有用的。就像嗑药一样，割腕很容易成瘾。万一割太深，伤到肌腱，就只能去医院缝，然后又会被问一大堆，超麻烦的。如果能有其他选择，我根本不想这么做。"

第二个就是"亲密关系的突然消失"。这种经历在边缘型人格障碍患者之中很常见，通常也会造成很大的困扰。患者会突然对自己的重要关系人（绝大多数是男女朋友）失去信心，强烈恐惧对方不再爱自己，而且完全没有理由与原因。这样的恐惧说来就来，即便前一刻两人还甜甜蜜蜜地在一起，但各自回到家的途中，患者就可能已经气急败坏地狂打电话给男/女友，简直就像对方把自己给甩了似的。

这种情况不是单纯用"患者没自信"或"疑心病太重"就可以解释的，因为连患者都会被自己的行为吓到。"不要想说服我什么，我什么道理都知道，但是没用。"一位表达能力很好的患者叙述了这种感觉，"你见过一张桌子在眼前凭空消失吗？如果是，你会不会被吓到？把桌子换成我对男友的信心，就会明白我心中有多震撼。为什么我突然之间完全感觉不到他的爱？虽然我知道这很可笑，但我无法控制自己。无论如何，我需要他出现在我眼前，立刻！不要再吓我了，我承受不了！”

第三个就是“焦虑感来临时，想找个地方躲起来”。这种经历在边缘型人格障碍患者中偶尔可见，通常的描述是这样的：“每当那种感觉要来的时候，我就得躲到柜子里面，头埋在双腿间，把自己缩成一团，有时候还会不断发抖，为了怕被听见，我得咬住自己的衣服——我也不知道自己在害怕什么。这种情况大约会持续十几分钟，在那段时间里，我会觉得自己的身体好像在渐渐融化、消失，整个人变得空洞。现在想起来，都还心有余悸。”

边缘型人格障碍患者为什么会有这么奇怪的经历，众说纷纭，但其中有一个普遍获得承认且居于核心地位的观察就是：问题可能出在边缘型人格障碍患者的认知功能出现变异，会使用一种“非黑即白”“全好全坏”“全有全无”“全对全错”的观点来看待这个世界与身旁的人、事、物。

什么叫做“非黑即白”？最常见的例子，就出现在孩童的世界里：儿童在听故事的时候，总喜欢问：“他是好人还是坏人？”童话故事、卡通漫画，甚至电影里面，角色也总是被简化为好人与坏人两种，所以，剧情的张力，也常出现在“好人原来是坏人伪装的”，或者“好人被误会为坏人”两种状态下。

这是一种极度简化的世界观，观众很容易理解每一个角色的行为。在儿童阶段，这种二分法是正常的，但在成长过程中，他们终将学会：

没有人是全好或全坏的，甚至好坏本身也是相对的，“灰色”才是真实世界的颜色。

然而，边缘型人格障碍患者并没有发展出这种能力，他们眼中依然非黑即白：一个人不是好人，就必然是坏人；不是完全爱他，就是完全不爱他；不是全然拥有，就是全然没有，完全没有中间地带。所以，在面对所有真实关系时，总要不顾一切地把对方的形象想象成极度完美，或者，失望至极地把对方的样貌贬低成极度丑恶，而夹杂其中的，就是不断遭到欺骗、出卖、背叛、放弃的感觉。事实上，旁人从来不曾有这些欺骗或出卖的举动，是他们先前把别人想得太好，事后又把别人想得太坏所产生的落差导致的。

我们可以通过这个逻辑，来建立一位边缘型人格障碍女孩的思考模型：

有一天深夜，一位女孩发现她深爱的男友忘记她们的定情日。

“我如此爱他，他怎么可以忘了我们之间最重要的日子？他连这样的日子都能忘，那么他以前跟我说的所有誓言，当然都可以忘记。显然他不爱我了。如果他不爱我，他为什么要这样骗我？他一定是恨我，但又装作爱我的样子。心机这么深，枉费我对他如此真心……”

女孩泪流满面，在午夜时分打电话痛骂这个“欺骗”她的“恶毒”男友。

凌晨时，男友开车赶来了解情况。此时，女孩已经根据自己的悲伤情绪，“合理推论”出：男友应该是移情别恋，不在乎她了，所以才会这么恶毒地甩了她，要不然，态度怎么会突然改变这么多？

一头雾水的男友自然否认到底，并尝试安抚女孩的情绪；女孩则继续发飙、怒骂、诅咒男友。男友也动怒了，两人大吵一架。

第二天，女孩累了，整个人觉得虚脱，也开始自责，认为自己又做错事了。每次都犯下这种不可饶恕的错误，她实在很难原谅自己。“男友这么照顾我，为我花了这么多心血，我还叫他半夜赶来，实在太恶劣了，我是世界上最糟糕的女人！他一定不要我了！我该怎么办？”她再次拼命打电话给男友，不断向他道歉，并且求他过来看她。在情绪很不稳定的状态下，她再次割腕了。男友闻讯赶过来看她，心中却充满了又爱又恨的情绪。

故事又回到原点，却多了一个充满悔恨与自责的女孩，跟一个又气又好笑又无奈的男友。情绪莫名其妙地累积，直到下一次冲突时再度爆发。等到这段关系终于结束，双方都已遍体鳞伤。

事实上，一开始，根本只是男友忘记定情日这件事而已。但女孩马上根据“全有全无”定律，断定“他连这样的日子都能忘，那么他以前跟我说的所有誓言，当然都可以忘记”，把问题扩展到“显然他不爱我了”。

接下来，男友在她心中马上由“全好”变成“全坏”，因为“他一定是恨我，但又装作爱我的样子”，女孩受到了极大的创伤，感觉男友“心机这么深，枉费我对他如此真心”。

等到男友赶到现场，女孩又另外找到一个“合理”的解释：男友一定是劈腿，不然怎么会突然遗弃她？

在短短几小时内，从好人变成坏人，还被安插了劈腿罪名的男友，当然全力辩解；辩解不过，两人最后大吵一架，更加深了女孩的伤心。

等到第二天醒来，女孩回想这一切，又反过来否定自己；男友再次成为"全好"，反而是女孩自己成为"全坏"，开始担心男友会离开她，她的感情终将一无所有。最后，女孩只好以割腕来消除自己的巨大恐惧与压力。

边缘型人格障碍患者生命中充满了这样的经历：无来由的焦虑、野火燎原式的情绪泛滥、灾难性思考、整个人彻底崩溃、冲动行事、事过境迁的自责悔恨、自我伤害、再次尝试修补关系。而后周而复始，重来一遍。

这样的人生实在很痛苦。然而，在其身旁的人一样辛苦，特别是边缘型人格非黑即白的特质，会对团体产生分化现象（split）：患者会吸引某些当下他认为是好人的人来围攻他认定为坏人的对象，造成亲朋好友彼此间的关系紧张，甚至破裂。

边缘型人格障碍患者也经常对协助他的专业人员产生既依附又攻击的态度，常见的情况是：不断批评、指责、辱骂他的心理咨询师或医生，甚至扬言要起诉、伤害对方家人、向媒体爆料、寄匿名举报信到对方的工作单位等；另一方面却极度依赖治疗者，凡事都需要对方的支持与鼓励，一旦没有得到治疗者的关怀，就会崩溃割腕等，对治疗关系与治疗团队都会造成极大的困扰。

在这段叙述的末尾，我以教科书中一位卓越的精神病理学家对边缘型人格障碍患者的深度同理作为结尾：

我觉得我像一件挂在衣柜里的衣服，是冰冷的，一直渴望能被人拣选，被人穿上。直到有一天，我发现我的白马王子出现了，他逐渐向我接近，我越来越紧张，心脏怦怦地跳。最后他终于来到我身边，我被他穿上。刹那间，我不再只是一件挂在衣架上的单薄衣服，我已经包覆在一个有温度、有厚度、会走会动、活生生的肉体身上，我活过来了，我开始看得见东西，能思考，有情绪，有喜好——但我也开始害怕，害怕他终有一天会把我脱下来，毕竟我只是一件衣服。随着他跟我越亲密、越过得幸福，这样的恐惧就越强烈，我跟他无端争吵的次数也就更加频繁。我越来越担心他会把我脱下来。最后，我知道事情不能挽回了，我做了所有你能想象的疯狂的事情，濒临崩溃的他确实也把我脱下来了，我再次变回一件单薄的衣服，没有感觉，一无所有，再次被关进那冰冷而黑暗的衣柜里。

边缘型人格障碍的特殊性，使它成为人格障碍相关研究中被研究得最多的一种，目前已知：女性患有边缘型人格障碍的概率高于男性患病概率两倍。患者的血亲终其一生身患重度抑郁症、有物质滥用等问题的概率都会上升。在一般神经官能症中，边缘型人格障碍也是少数会出现幻觉、妄想的疾病之一，所以在过去，边缘型人格障碍也曾被称为“假性精神分裂症”(Pseudo-schizophrenia)。

边缘型人格倾向

在常态下，边缘型人格不容易出现所谓的“边缘型人格倾向”，因为以这样的人格特质而言，一旦出现，问题就会很棘手，不太可能靠自己或别人的支持调适过来，几乎都会恶化到边缘型人格障碍的状况。所以，即便理论上应该有边缘型人格倾向，但实务中不容易见到。

不过，在两种状况下，还是会出现所谓的边缘型人格倾向：

第一种情况比较多见。患者已有一个明确的B型人格子人格障碍，但是又出现了原有人格障碍无法解释、较适合由边缘型人格解释的轻微症状。偏偏后者症状并不足以另外构成边缘型人格障碍的诊断，这时，就会确诊为一个主要的人格障碍，附带一个边缘型人格倾向。例如：表演型人格障碍，附加边缘型人格倾向。

第二种情况是一种动态平衡，会出现在当事人拥有高到不寻常的智商、表达能力，或有极强的支持系统等情况，甚至当事人自己就是精神科医生或心理咨询师。此时，当事人的自我觉察能力高到可以用言语来叙述自己心中正在发生的极细微情绪转变，也就是说：虽然当事人依然深受内心情绪大起大落的煎熬，但他们可以通过语言描述，甚至是专业术语的运用，保持与外界的沟通；而极强的支持系统也有足够的专业能力处理这样的信息，并且及时高效，能够将自己的伤害减到最低。这时，虽然边缘型人格的特质出现了，造成的伤害相当严重，但另一方面，支持的力量也相当强大，足以产生拉锯的效果，让当事人长期停留在无法确诊、依然可以胜任日常生活、应付职业要求的状态，却也无法完全摆脱边缘型人格障碍的阴影。

边缘型人格障碍诊断标准

从成年期早期开始（通常指近二十岁到三十岁之前），在行事作风中处处可见：人际关系、自我图像（约莫等于“你认为别人怎么看你”的回答）与情绪的不稳定；另外就是明显的冲动性。具体的界定方式，就是在下列九个要点中符合五个要点（或以上）:

一、对于被人抛弃（即便只是想象中）的事件，会有极为疯狂的反应（此处的疯狂反应不包含下述第五个要点中的自残和自杀）。

二、不是把别人想象得极度美好，就是反过来彻底贬低对方，反复在这两极之间转变，造成不稳定且高度紧张的人际关系。

三、自我认同障碍，特征是明显而持续的不稳定自我图像或自我感（如不易理解此类特殊经历，可参考内文中关于当事人的叙述）。

四、至少有两种具备潜在自我伤害性的冲动行为，例如，疯狂购物、纵欲、使用药物或毒品、危险驾驶与暴食行为等（此处的冲动行为不包含下述第五个要点中的自残和自杀）。

五、反复性的自杀行为、作势要自杀、威胁要自杀，以及自我伤害行为。

六、在明显情绪反应后所衍生的持续性情绪不稳（例如：阵发性的强烈沮丧感、躁动或焦虑，这种情况通常会维持数小时，最多数日）。

七、慢性且长期地感到空虚。

八、不适当、强烈，甚至难以控制的愤怒，例如，经常暴怒、持续感到生气、身体持续处于备战状态。

九、暂时性的妄想或严重解离感[①]（在有压力的情境下才会出现）。

① 解离感：感觉自己与周围的环境分离，仿佛身边的一切都不是真实的。——编者注

第7章

如果我就是B型人格者，该怎么办

B型人格有几种族群

我们在前几章分别谈论到B型人格的六个内在特质：失控的情绪、眼里全是自己、一切随时会幻灭、行动就是救赎、真实与虚幻只在一线之隔、孤独只是我的身影，以及B型人格的四种子人格：自恋型人格、表演型人格、反社会型人格、边缘型人格。

现在，我们要将它们拼凑在一起，看看现实生活里，B型人格到底可以归纳为几个族群。

一、具备B型人格的共同特征，且或多或少带着四种子人格倾向。

二、明显出现单一子人格倾向，并带有B型人格共同特征。

三、明显出现单一子人格障碍，并带有B型人格共同特征。

其中，第一个族群的人数最多，但是最不明显，实际上也普遍遭到忽视。非常有可能出现在你身旁的亲朋好友之中，甚至你自己就是。

第二个族群的人数比较少一些，但因为性格鲜明，很容易吸引他人的注意，也分布在社会各个角落。你我认识的一些公众人物、知名人士（不一定有好名声，也可能是恶名昭彰的），都可能是这一族群的一员。

第三个族群的人数最少，但只要一出现，就是个麻烦人物，不管是哪一种人格障碍，不是搞到自己痛苦万分，就是让身旁的人濒临崩溃，因而向医疗单位求助；甚至是像反社会型人格障碍那样，因触犯法律而被强制送医。但由于目前对人格障碍并无治疗良方，依法也不得单凭“人格障碍”强制患者就医，因此，出院后，多半只能任由患者在社会上兴风作浪，由大众承受其巨大成本。

第一个族群的人跟第二个族群的人合起来，可以称为“泛B型人格者”，他们分散在社会的各个角落，每天都跟一大堆情绪搅和在一起，始终搞不定人与人之间的关系，为了“失去一切”的莫名焦虑而不断行动，但真正挥之不去的只有孤独感。

你说这是病吗？当然不是。即便加上自恋型人格倾向、表演型人格倾向、反社会型人格倾向或边缘型人格倾向四者之一，依然无法诊断为疾病——说得直白一点——这是一块被精神医学与心理学所遗忘的“三不管地带”。因为DSM-5是精神医学以研究统计与临床诊断为目的发展出来的诊断标准，而B型人格与四个子人格原本就是为了诊断“人格障碍”而设计的。只不过，站在严谨的实证科学角度，要成立对任何一种人格障碍的诊断，都必须符合众多严苛的标准（例如，七个要点中符合三个或三个以上、年满十五岁以上、已经造成职业功能损害等）。

问题来了：只有部分要点成立的当事人，即便出现一些自我调适、人际关系、生命意义的问题，也不能与不该被随便诊断为“人格障碍”，最多只能归入所谓的“人格倾向”。那么，这些人该向谁求助？

实际上，尽管这群人的数量始终远大于“人格障碍”患者，但因为“人格倾向”者不算病人，一是无法引起医学研究者的兴趣；二是，要用什么名义与诱因把这群人聚集起来，操作上有困难；三是，有些医院看诊就像在菜市场买菜一样，这群人可能根本不愿意来就医——因为医生只会听他们说几分钟，然后开一堆药；而且，越好的医生，越招患者追捧，到头来，不管医德如何、初衷如何，都一样会被汹涌的候诊人潮给淹没。

所以，这群人很自然地转向心理咨询寻求协助。此时，另一个问题又出现了：B型人格的诊断架构来自精神医学，虽然非常清晰，而且具有指引性，可以有效率地协助治疗者看清问题核心，对咨询过程应该有所帮助，但B型人格并非心理咨询惯用的人格理论，使得“人格倾向”所能带给治疗师的有效信息往往就此埋没，衍生的结果就是：探讨“人格障碍”的书籍数不胜数，需求量理当更大的“人格倾向”相关书籍反而少之又少。此一现象不只在科普书籍如此，学术论文也如此，就算把这四个子人格倾向的原文全名当成关键词进行检索，结果虽不至于出现空白，但也算是屈指可数。

所以，在接下来的篇章里，我们将针对这群被挡在医疗大门之外的“B型人格倾向”者，从他们的生命处境出发，逐个深刻地检视他们经常面对的问题，而每个问题也都会分成两个角度来探讨：

一、当我无法自觉时，我会遇到什么情况？该怎么办？

二、当我已经有所自觉时，我会遇到什么情况？该怎么办？

举例来说，当一位自恋型人格倾向者完全没有自觉时，他所看到的世界是：“大家都故意躲着我、嫉妒我的表现，想要孤立我！”他感觉到的是愤怒、被害感与被孤立，内在与外在是一致的，炮口齐心对外，认为是别人在针对他、贬损他。

直到有一天，他终于能自我觉察，想法就会变成："我现在明白问题在我身上，但我又不是故意的，为什么这么多年来没有人愿意告诉我？却老是用这种方式孤立我？"他感觉到的是悲伤与孤立无援，愤怒与被害感相对减弱，内在与外在不再一致，继之而起的是更多的自我怀疑。

很显然的，虽然同样是自恋型人格，但在能够自我觉察前后，对于世界与自我的认识是不一样的，需要的协助当然也不一样。

第一阶段的B型人格倾向者缺乏主动性，需要更多亲朋好友的提醒与帮助，才有可能接触相关信息。而即便有办法接触，最初的反应也往往是嗤之以鼻，认为一派胡言，书中的描述跟自己一点关系也没有。然而旁观者清，当局者迷，光是一次提点，是无法轻轻松松解决问题的。印证到读者心态，通常是身边有处于此一阶段的亲朋好友，以助人为初衷的。

到了第二个阶段，当事人就会开始主动寻求协助了。印证到读者心态，在这个阶段，通常是心中一惊："咦！怎么我好像有同样的问题？莫非我也是B型人格者？"多以自我探索为目的。

在过去，身处第一阶段的人较多，而按照教科书的说法与各国多数的研究，自我觉察如果发生，通常会在四十岁左右；同样的，人格障碍的症状也会在这个年纪开始缓和下来。

然而，由于近年来心理议题普遍受到重视，关心自己心理健康的人越来越多，"开窍年龄"有向下修正的趋势，不少人在颇为年轻的时候，就开始注意自己的人格议题、浏览相关的知识，不愿意像父亲那辈人一样，糊里糊涂当了一辈子的人格奴隶。

然而，“人格问题”跟“心理障碍”或“精神疾病”是不一样的：人格与生俱来，人皆有之，不可能也不需要“治愈”，当人格与社会发生冲突时，需要的是彼此包容，而不是谁消灭谁。因此，一开始，我们会先探讨人格问题的治疗原则，作为这群泛B型人格者的自处之道。接下来，我们才会探讨，发现自己符合B型人格中四大子人格（自恋型人格／表演型人格／反社会型人格／边缘型人格）的任何一种人格倾向时，该怎么办？

在本章后半部分，则会探讨一个少见的状况：如果你已被医生诊断为某种人格障碍，你也自我察觉到这些症状；或者，你通过第3章到第6章的章末诊断标准判断自己符合特定人格障碍，而熟识的朋友也同意你的看法，那么，或许你可以算是“能自我觉察的人格障碍患者”。这不是一件容易的事情，而且人格有其恒常性，不可能说变就变；但这并不代表我们得乖乖认命，对自己的人格障碍束手无策。毕竟，认识自己就是改变的开始，即便是严重的边缘型人格障碍，只要有觉察，能有所改善的依然大有人在。

B型人格特质的处理原则

几乎所有教科书都会写：人格是恒常不变的，几乎终其一生都不会改变；再翻到人格障碍治疗那一段，会看到另一行短短的文字：“没有已被证明确切有效的治疗方法。”所以，一旦遇上人格问题，干脆放弃算了，不必多谈，也不必诊断，反正无药可医，不是吗？

当然不是。

有一部电影《十月的天空》，叙述一位生来就是火箭迷的青少年，他不只研究火箭、收集火箭的相关信息、对每种火箭都了如指掌，他还自己做火箭。

因为父亲反对，于是他背着家人偷偷试验火箭发射。刚开始时，他的火箭逢射必爆，但他依然不屈不挠，连功课也不顾了，一个劲儿地专心制作火箭。

有一次，他涉嫌因火箭失事引发森林大火，遭到警方逮捕。最后，虽然他终于找到失事的火箭位置，证明跟森林大火无关，也洗刷了自己的冤屈，但已引发不少争议与不良影响。

倘若父亲与他的对立升温，最后把他五花大绑、送到邻近的州立精神病院，说他“缺乏反省能力”“无法从失败中学习”“做出一些鲁莽而置他人生命安危于不顾的行为”等，是不是表示他有反社会型人格倾向？甚至人格障碍？

想也知道不会是这样，因为这是一部根据真人真事改编的电影。既然如此，就表示他成功了。到了尾声，主角获得了全国科学展的冠军，也拿到了大学奖学金，最后进入美国国家航空航天局工作，为航天飞机任务训练航天员。

试想：从“反社会型人格障碍”到“故事翻拍成电影的NASA工程师”，结局差异之悬殊，让我们不禁要问：是什么改变了这位少年的命运？这样的“治疗”算不算成功？又是怎么办到的？

答案很简单：因为主人公的才华获得了发掘，在对的时间、对的地方，和对的人一起生活与工作，让主人公成了一个“有用处”的人，能对社会有贡献，为国争光。

生而为人，一旦能适才适性地成为具有生产力的个体，其人格与团体之间的矛盾就能获得包容（但没有消失），他与大众之间建立了一个合作平台，在这个平台上，他能尽情挥洒自己的人格特质，社会大众也通过这个平台向个人提出各种限制，例如：就业法则、服从社会规范、守法重纪等。

这就是面对B型人格特质时，最重要的原则——“产生意义与价值”。让自己学习以某种方式产生意义和价值，与社会达成共识，进而适应社会。如果你怀疑自己有B型人格特质，那么，只要能抓紧这一原则，人生就不会有什么大问题。

即便像电影主角如此聪颖、有这般资源与机遇的人不多，社会愿意接纳个体的面向与广度仍远大于此。实际的做法，就是在社会中找到一个适合自己的“社会角色”——通常是职务，但也可能是身份，通过这个角色，其他人就能很快认识他、理解他，进而接纳他。

就以一位反社会型人格倾向者为例：即便没有电影主角那样的机遇、智慧与资源，但他可能在衡量自身经济状况、社交能力与其他现实条件之后，选择去从军。然而，“产生意义与价值”没有定则可言，倘若这位反社会型人格倾向者的能力再差一点、现实感再弱一点，无法掌握军中诸多矛盾制度背后的逻辑，反而被表面的规定绑得死死的，那么，他就有可能成为逃兵，接着出现在监狱，最后在黑社会里找到另一种适应的方式——而这并不是一个良好的结果。

所以，面对B型人格问题的第二原则，就是“随机应变”，不能一厢情愿。用一个不太恰当的比喻来说明，如果把人所提供的劳动当成商品，一方面我们要考虑如何将劳动销售出去，但另一方面，我们也要考虑，消费者买不买单？市场反应如何？就算再有经验的人，也无法给予绝对保证。因此，保持高度弹性是一件很重要的事情，必须视状况不断调整，直到找到最适合的处理方式。

可以想见，若想克服人格问题，不管是助人或自助，最重要的是要有耐心。既然我们无法确定何时能找到适当的“社会角色”，那么除了顺其自然，我们也必须保持耐心，不要一开始就投入过大的心力与过多的期待，造成后继无力与失望透顶的情况；相反，我们得在漫长的时间流里，随时以警觉的态度，面对每一次机会，并以平常心去尝试。不要期待过高，也就不会失望过深，直到真正能“成交”的时机出现。所以，“耐心等待时机”是第三个原则。

话说回来，光是被动等待时机是不够的，在此期间，我们得设法让当事人能继续累积有利的条件。我们可以从消极面与积极面两个角度帮助当事人提升，消极面包括：减少负面形象构成、避免家庭冲突、降低人际冲突、改善情绪稳定度、增强心理的一致性；积极面包括：充实专业知识、扩展人脉、培养爱好、累积资源、学习一技之长、考取有用证书等。改善当事人在社会眼中的“卖相”，等同于提高个体对群体的谈判筹码，将有助于当事人与社会再次达成稳定的均衡状态，适应这个社会。因此，第四个原则就是“持续学习与累积资源”。

我怀疑自己有自恋型人格倾向，该怎么办

1. 面对现实：我不是什么特别人物

自恋型人格倾向者在遇到现实生活问题时，非常容易设想一个极其壮烈或苍凉的情境，然后把自己放到情境里，成为“鬼神泣壮烈”的情境主角。

比如说：简历投了一堆，却没得到回复，或是想应聘的工作没录取，便联想到历史上的某些人物，虽不被当代人所认识，死后却大红大紫，并把自己设想成为那号人物，为此感动不已。

事实上，你不会是梵·高，就算自杀一万遍，画作还是上不了苏富比拍卖会。然而，如果你愿意面对现实，你可以成为一名足以养活自己的上班族，甚至接受更多有风险，但也更具备远大希望的创业机会。同样的，你也不会是诸葛亮，就算隐居山林十万年，就连类人猿都已经进化到上太空，也不会有众多公司老板争相造访你家，为的就是找你去上班。但如果你愿意仔细检查一下自己放在招聘网站上的个人简历，就有可能看见错字连篇，连可上班时间都打错，这种简历怎么可能得到别人的青睐？更重要的，你绝不会是苦守寒窑十八年的王宝钏，不需要每天为自己的悲情感动到无可名状。如果你真有一个在外面拈花惹草的“薛平贵”做伴侣，那么你应该想一想，为什么这十八年来都没离婚？是因为童年时期看见父母争吵不休，希望从自己

的婚姻中得到补偿？还是你无法直面自己识人不明的挫败？

自恋型人格倾向者需要想通一件事：“无须成为什么重要人物，依然可以拥有幸福的人生，受人尊重，被人喜爱。”也要好好想清楚：你要的到底是获得大家的接纳、受大家的喜爱、被人们尊重，还是无止境的比较，想要赢过每一个人，成为最特别的那一位？如果是前者，就不必继续坚持证明自己的卓越，因为那根本不是你要的东西；如果是后者，那么我想请问：就算你牺牲一切，成为最特别的那个人，然后呢？除了不会维持太久的满足感，还能剩下什么？

要从自恋型人格倾向中获得解放，最重要的就是领悟到：“特别不特别，根本没你想象的那么重要。”

2. 注重仪容整洁卫生，适度跟随时尚，合理消费

自恋型人格倾向者很容易陷入“世界以我为中心”的成见中，并把主流社会所共同接受的价值习俗（例如，重视穿搭、追求名牌品位、衣着光鲜亮丽等），都视为讨好他人、迎合群众的低俗趣味。媒体上越见包装，越把某些商品打造为成就非凡、卓然出众的形象，就越容易激发自恋型人格倾向者的反感，而刻意避免与之相同。

“我就是讨厌黑卡，看到台北101大厦就受不了。想到一群人在那里装模作样地品酒、抽雪茄、喝咖啡、满口英文，自以为有品位，可是脑袋里什么也没有，我就觉得恶心！”许多自恋型人格倾向者都会说出诸如此类的话。

他们有时还会故作名士派头，放浪形骸，比如西装裤穿了快一个

月也懒得换洗，多年来老是穿着一模一样的衬衫、打着同样的领带，甚至根本拒绝穿着正式服装。在更极端的情况下，连个人卫生也敷衍了事，不但房间里弄得乱七八糟、桌面堆得像小山一样，还不准家人帮忙整理，说是乱中自有其序。每每搞得家人莫名其妙，甚至火冒三丈。

其实，对照古代弃官不仕、结庐躬耕的隐士，很容易就能明白“自恋型人格倾向者”内心在想些什么：这些否定社会价值的行为，有助于维护他们捍卫自我的完整性，却也容易流于为否定而否定，而非真有什么高明的主张。结果只是让原本就饱受孤独感之苦的“自恋型人格倾向者”更加边缘化而已。

如果你在自己身上发现了上述行为的迹象，请尽可能控制你的“为否定而否定的反射动作”。因为，跟随时尚与合适的仪容服饰并不会摧毁个人独特性，任何形式的价值也都不需要建立在否定别人的价值之上。逛逛百货公司，注意一下那些“时下流行的当红商品”，合理地消费，并通过买卖的过程，与世界建立起最初始，却也最基本且重要的核心关系—— 一如哥伦布踏上新大陆时，与原住民在语言不通的情况下所能做的事：交易。这个简单的动作，足以迫使自己走出自我框架，拿下蒙住眼睛的屏蔽，去观察别人在想些什么。你得认真思考：为什么这个东西这么流行？到底买它的人是怎么想的？而不只是一句“浪费时间！浪费钱！无聊！”就草草带过。如此一来，这世界的色彩将会慢慢恢复，再度变得多姿多彩，值得你留恋与逗留。

3. 可能的话，走出家门，增加社会参与

不要把自己关在家里。可能的话，增加社会参与，与更多人互动。这里指的不是通过网络，而是实质的、面对面的互动，例如：报名学习课程、养成爱好、参与公开活动、参加社团等。

在这些实质性互动中，必然会出现许多“等待”“寒暄”“交通”等时间与空间的浪费；虽然在网络上，这些问题都可以压缩到最小，偏偏对“自恋型人格倾向者”而言，这些“浪费”是有其意义与必要性的。原因在于，自我对话的效率是最高的，独自学习也是，而自恋型人格倾向者原本就有着宽广而巨大的自我，天生善于自我对话与独自学习，也已经习惯于高效率的信息获取，一旦与其他人产生互动，往往无法忍受其低效率，另一方面，也不善于表达或理解。

把自己关在家里，通过网络与电视媒体跟社会互动，就会变成另一种高效率但极度简化的人际互动模式，等同于自恋型人格倾向者“人际互动能力的奶嘴”，长期使用的结果，就是无法断奶，无法真正走出去，面对更复杂却相对没效率的真实互动。

倘若缺乏真实互动能力，自恋型人格倾向者就很难从社交行为中学习到等待、忍耐、同理、彼此尊重、相互支持、真诚关怀等经验，而这些经验正是有效帮助一个自恋型人格倾向者从自我的狭小世界里走出来，真正勇敢地迈向完整的全人世界所需要的。

4. 时时刻刻提醒自己

由于人格有惯性，偶然的顿悟若无法延长它的效用，仍会在时间的长河里被人格惯性所覆盖而销声匿迹，完全起不了作用。

特别是自恋型人格倾向与表演型人格倾向，这两种都是优势人格特质；既然是优势人格特质，就代表它们本身也可能在当事人身上扮演某些功能，例如：让你拥有个人粉丝，或是自我感觉良好等。但这类具备功能性的良好感觉经常反过来成为自我突破的阻力——因为舍不得放开这样的优势，使得改变的动机逐渐消减，一段时间之后，就不再想改变了；即便知道这些优势的代价都相当高昂——拥有良好感觉后，就得付出更多负面情绪来补偿——也一样不愿意改变。可惜当局者迷，人都是贪图眼前利益的。所以，对于自恋型人格倾向者而言，想要改变现状，真正做到自我突破，就需要更有纪律地不断提醒自己。

我怀疑自己有表演型人格倾向，该怎么办

1. 不要冲动，先跟“过去的自己”商量，养成行为一致性

表演型人格倾向者具有强大的煽动力，能够说服别人，当然也能说服自己，更能被别人说服。比如说，决定对一件事情采取A计划，但过不了几分钟，就可能被心中的另一个声音给说服了，决定改变采用B计划；过不了几分钟，又会冒出一个C计划来；万一这些计划遭到其他人（观众）反对，表演型人格倾向者会马上改弦易辙，立刻产生一个

D计划。结果就是永远拿不定主意，偏偏他们又很能说服旁人，所以每次转折都好像是原本计划中的一部分。搞到最后，合作伙伴濒临崩溃，而他们也难以自圆其说，更不知道自己到底想要的是哪一个计划。

如何坚持自己的想法，不再三心二意，让言行趋于一致，是许多表演型人格倾向者长久的期待。以下介绍一套思考练习法，如果你发现自己也有这样的困扰，可以试着做做看。

由于表演型人格的说服能力太强了，征询别人的意见是没用的。因为当你心中想着A计划时，你就会暗示被询问者回答“A计划比较好”，最后果真得到你当下要的答案，和自问自答没什么两样；但等到你心意改变了，想选B计划时，不管问谁，还是会得到“B计划比较好”的答案。

所以，表演型人格倾向者不能向任何人发问；相反的，你只能向记忆中的自己发问。你可以拿一本小笔记本，以今天为基准点，依照待决定事件的性质，设定适当的间隔（每小时、每天、每周等），以及要观测几次（例如十至二十次），此后，每逢固定时间点，你就“采访”一下自己，并把自己对“待决定事件”的看法写下来，当作“那个当下的你”的选择。等到时间到了，翻开小册子，由不同时间点的你共同表决，看看结果如何，而你也必须严格执行，不得有误。

举个例子，倘若你犹豫着是否该从A公司跳槽到B公司，而B公司给了你一个月的犹豫时间。你可以从当下开始，每天记录自己的想法，思考去留。你得像大陪审团的成员一样，每天你都只有一票，早中晚任何时刻都可以投票，但决定了就不能改变。

一个月过去，等于三十位不同时间的你都投了票。到最后，依票数统计出结果，而身为最后一天开票的你，就宛若英美法系中的法官一样，必须根据三十位大陪审团的决议来执行，不能恣意妄为。然而，到底要怎么着手执行跳槽步骤，就是身为“法官”的你的裁量空间了。

在一般人眼里，这简直是疯了，何必把简单的事情复杂化到这种程度？但如果是表演型人格倾向者，应该能明白利用“戏剧角色”帮助自己下决定的重要性——因为表演型人格倾向者把日常生活当成一出又一出戏来演，与其对抗，不如顺势把历时性的自己统统拉出来，给每个人设定一个角色（大陪审团成员）、拥有投票权，并赋予最后一天的你执行的义务（法官），此时，效率反而能有效提高，也能让三心二意的自己达到均衡状态，不再那么容易犹豫。

当然，倘若待决定事务的时效性很短，只有三天，那你的时间间隔可能就得缩短为半天一次，一共只征求六个自己的表决。

严格执行这一方法，不仅可以让自己的行为趋于一致、提高执行效率、减少日后后悔的可能性，还能帮助自己与别人相处、减少人际冲突、改善关系。

2. 谨慎面对别人的过度称赞

表演型人格倾向者在生命的长河中，很容易出现吸引仰慕者的片段时光。一旦有过这类经历，就很难忘怀；偏偏，那种经历是有毒的。

我见过很多位上了年纪的当事人，现状都很好：身体健康、家境富裕、子女事业有成，审视他们的人生经历，也都非常精彩，往往参与多种社会活动，朋友众多，众星拱月。但他们共同的困扰是：现在很不快乐，而且找不到原因。最后，我发现唯一能让他们不快乐的，就是跟过去的自己比较：他们永远忘不了那段被众人仰慕、追随的经历，然而却已不复当年。

表演型人格倾向者需要比一般人更加谨慎面对旁人的高度肯定，因为表演型人格倾向者特别容易沉溺于这种经历而离不开。甚至连“啊，你儿子怎么这么可爱”这种肯定，在多年以后，也会发酵为“唉，小孩长大了，都有各自的想法，现在已经没有人想跟我出门了”的深沉遗憾。对于一般人而言，可能只是很自然需要面对的现实，但对于表演型人格倾向者而言，却会演变成很难去除的抑郁。

所以，倘若自觉有表演型人格倾向，就必须主动“控制”别人的过度称赞，以免日后得连本带利奉还这些情绪债。“控制”的方法并不是直接叫别人不要称赞或仰慕你，而是不让自己因为受别人赞许而变得更活跃、更高调，简单讲，就是低调一点，保持内心的平衡，不要让别人的称赞与仰慕把自己搞得太过骄傲，忘记了自己是谁。

3. 不要离舞台太远

表演型人格者固然会因为渴求别人的目光而做出许多不利于自己的行为，诸如过度夸大而损及自己信誉、为求效果而让自己置身险境，也可能只为了讨好“观众”而忽略自身应有的责任或义务。但是，若完全违反人格的天性，彻底隔绝别人的注意力，反而会让带有表演型人格的人丧失动力，使生活变得颓废而散漫，这绝非好事。

如先前所述，表演型人格者终究是舞台之子，仰赖别人目光而活的你，不能离开“舞台母亲”太远，必须适度地被别人看见，才能保持自我觉察，让自己不会过度放松，让生活不至于没有目标、毫无秩序。

具体来说，就是能工作就不要轻言退休、能晋升就不要轻言放弃、能跑客户就不要坐办公室——即便想退下来休息，也要预先安排好接下来的充实生活，就当自己天生劳碌命。维持你原有的生活常态、人际互动、行事风格；可以变得比较低调，但不要完全没有声音；在不伤害自己、不为别人造成困扰的前提下，继续做你自己。倘若你无法判断自己的所作所为是否有害，就回过头来采用前面所讲的方法：凡事跟“过去的自己”一起投票表决，利用时间的变迁，在多变的自己之间取得平均值，确定这件事情的无害性后，放心做下去。

当你意识到自己的所作所为终将受到别人的审视，不能胡搞瞎搞；一切努力都不会白费，而任何怠惰都将在观众的目光下无所遁形时，你的成就动力就能比一般人明显提升。表演型人格者需要有目标、有观众、有掌声，得让自己的人生过得精彩，才不至于进入一个既没有动力，也对自己毫无期待的死胡同。

我怀疑自己有反社会型人格倾向，该怎么办

1. 从自利的角度思考道德与法律，把风险纳入考虑

身为反社会型人格倾向者，你不会相信“善有善报，恶有恶报，不是不报，时候未到”这种说法，但是，如果加入“概率”问题，重

视功利主义的你就得重新考虑一下：自己是否还能那么现实？

在某种程度上，道德并不是一种单纯利他的戒律，而是保护自己的法则。正是基于风险无所不在，严格遵守道德规范，才能有效降低个人的风险。举个例子来说：自己所经营的公司遭到对手恶意攻击，你可以选择继续与之周旋，也可以选择动用人脉关系，不论是通过民意代表施压，或是找个熟识的黑社会老大，带几个小弟去压场面。

乍看之下，每个选择都只作用于自己目光所注视的对象身上，但其实不然，别人也同时通过你的行为逆向判断你这个人。你的所作所为越是游走在法律的边缘，在别人眼里，就越会觉得“喔，你是这样的人”，影响所及，便是日后你与其他人谈条件的困难度。我们当然可以采取更隐密、更迂回的方式，但相对的，事迹败露时的严重性也越高，如果再加上平时维系这些关系的成本（一旦投入就无法收回的“沉没成本”），你并无法在实质上得到好处。

当然，我无意说服任何人，因为反社会型人格倾向者本来就不会被说服，但你可以建立起一个专属于自己的“完全从自利角度去审视的社会规范、法律与道德”，而且，要记得加入风险与概率的概念，如此一来，你的选择才会更加贴近自己期待获得的最大利益。

2. 正视自己的冲动性与情绪不稳定

反社会型人格倾向者往往聪明一世，却败在一时，而且往往只是一件很小的、无关紧要的事。比如，好不容易干掉了全部的竞争对手，拥有了八成的市场占有率，却因为情绪失控，暴跳如雷地痛骂一位小职员，小职员愤而向商业软件联盟（BSA）举报公司使用盗版软件，由于举报的事实证据确凿，BSA会同警方现场人赃俱获，以天价赔偿了事。

这样的结果，应该完全出乎当事人意料；即便有想到，在当时气焰正盛的时候，也是顶多用一句“谅他也不敢”带过。直到东窗事发，才会知道事态严重。

事实上，要不是反社会型人格者对于自己的情绪控管能力实在不太好，他们一定能攻占更多主流社会的舞台。成也人格，败也人格。反社会型人格虽然在自己注意的事情上很能沉得住气，但对于其他忽略的地方，反社会型人格者则往往会把它们变成不断宣泄暴怒情绪的出口，这是要小心的地方。

3. 少接触会改变意识的事物，如管制类药品、酒精等

反社会型人格障碍者，有物质滥用（药品与毒品）问题的比例相当高；而体现在反社会型人格倾向者身上，管制类药品与酒精的使用问题——特别是饮酒的问题最严重。

由于反社会型人格者本身就很容易做出鲁莽、冲动的行为，在酒精的推波助澜下，更容易闹事，将自己辛辛苦苦努力的成果毁于一旦。如果你自己认为有反社会型人格倾向的话，千万要养成一个意识：时时刻刻要保持清醒，好随时应付各种突发状况，否则，你的人格特质很容易提高自己的人生风险。万一出现风险，而你又喝得醉醺醺的，危机管控谁来经营？身为一位反社会型人格倾向者，应该要有“自我

要求必须更高”的自觉，否则，再冷静的思考、再现实而果断的抉择，都抵不过迷迷糊糊时的自己造成的失误。

4. 增加自己的学识，不要靠个人经验打天下

反社会型人格倾向者容易高度仰赖自己的个人经验，自行其是，按照自己想象的方式来经营自己。能力出众的人固然会因此成功，但若能再加上一些从别人身上学来的经验反刍后的结果——也就是学问与知识，那就更能节省时间、精神和体力，更有效率地达成自己的期待了。

反社会型人格倾向者不宜过度看重所谓的“经验”，而轻视、忽略“理论”的重要性。恰好相反的是，反社会型人格倾向者的社会经验往往已经很充足，因此你所需要的，是将自己的经验抽丝剥茧，从中找出一定的规则，与课堂里的理论互相印证，这样将对你更有帮助。

万一我有边缘型人格障碍，该怎么办

由于边缘型人格者几乎难以避免地会以人格障碍的形式呈现，因此这里就直接以边缘型人格障碍来说明。

1. 改良自残技术

因为自残的目的在于转移情绪，所以，如果能改良自残的方式，那将是一大进步。

割腕之前请先想一想，你还要继续使用这个身体很多年，今天能不留下刀疤，就不要留下刀疤，也许改用钝铁尺划划看，或者用指甲掐自己的皮肤，或是任何可以带来痛觉却不至于留下伤痕的方法，都是很好的改良。如果真的做不到，那就设法保持刀片的清洁，务必消毒，割在日后可用衣服遮盖住的地方，例如上臂处，也是一种进步。请记得：虽然此刻我们打不赢边缘型人格那恶魔，但只要能少输一分，就算是多赢一分。

2. 认识你的思考逻辑

了解自己越深，就越有机会帮助自己，走出边缘型人格障碍的困境。认识什么叫作“非黑即白”“全有全无”“全对全错”，搞清楚自己是怎么看待这个世界的；而且知道就好，即便改不过来，也不必有心理压力。如果可能，请认识所谓的“仿佛”（as if）这个症状，明白自己会把“想象中的恐怖预期”当成“真实已发生的事”，并感受到与真实发生时一样的恐怖与害怕。比如说，你会因为被伴侣抛弃而难过、痛苦、愤怒、挣扎，等到情绪过后，你才会想起来，自己只是做了一个假设——“万一”被伴侣抛弃，自己会变得怎样。实际上根本什么也没发生，但你已亲身体验到了所有被抛弃的痛苦情景。

3. 明白自己对于“关系”的多重矛盾

你得明白，对于各种人际关系（不管是亲密关系还是朋友关系），自己心里都存在着多重矛盾：当关系存续时，你极度担心失去它，所以会不断进行试探，同时也担心自己的试探可能引发对方的不满，导致真的放弃这段关系。一旦对方真的受不了被你再三试探，而有放弃关系的可能性时，由于一波波有如排山倒海般的恐惧，你可能会干脆先行切断关系，或“想象”被对方切断关系，随后陷入极度抑郁和愤怒当中。当关系真的断裂（无论是暂时中断还是永远结束）时，你会感觉到强烈的罪恶感与自责，并开始以自残来惩罚自己。

当你对自己的思考逻辑有了足够的认识时，你可以跟伴侣或亲友进行讨论，让他们进一步认识并了解你；或者，如果你始终搞不懂自己干了些什么，就请他们描述一下你发作时的情景。切记，不要随便否定当时的自己，也不要感觉到羞耻或愧疚，因为那是你在病情发作时失控条件下才做出的行为，并不是自愿的，无论是你或任何人，都不应该为此感到自责，更不应该因此受到责难——因为光是责备，对于帮助患者改善边缘型人格症状并无任何益处。

4. 训练你的人际支持系统

也许你控制不了自己的情绪，无法学会不以“全有全无”或“非黑即白”的方式来面对问题，但至少你能让伴侣或身旁的亲友知道，自己有着怎样的思考逻辑，让他们反过来懂你。知道在你最失控的时候，需要的不是叫你理性一点，不是叫你别想太多，更不是讲一堆大道理，而是单纯的陪伴，甚至是大大的拥抱，陪在你身边，让你不害怕；知道别管那个“失控的你”在骂什么，而是挺过情绪风暴，不要受到你的伤害，因为事后你看了也会内疚难过。对你而言，任何人成为受害者都是一种心理负担，反而会让你更有压力，并且累积在心里，提高下一次发作的概率。

这一切都要趁你还在平和状态的时候完成，否则，当情绪风暴来临时，一切都来不及了。不必担心对方会因此放弃你——对方早就把你发作时的丑态都看在眼底；如果会放弃，早就放弃了，能留下来的，都是一个愿打一个愿挨的。你要做的，就是训练你的人际支持系统，不要让对方太早对你死心，让他坚强起来，学会怎么在你情绪风暴来临时存活下来，你就不会失去他。

如果他真的不知道怎么办，带他一起去看心理咨询师。

5. 与医生好好沟通并配合药物使用

光靠心理与团体的力量，不是不能处理“边缘型人格障碍”的问题，问题是，性价比够高吗？速度够快吗？美好的青春不过就那几年，每发作一次，生命就少了几个星期；每分手一名伴侣，生命又少了好几年。就算治疗好了，人也老了（边缘型人格障碍患者通常到四十岁以后有可能会改善），还有什么意义呢？为了争取有限的生命，并提高生活质量，对于边缘型人格障碍患者而言，适当的药物是值得的。

选择性血清素再摄取抑制剂（SSRI）会让神经突触中的节前神经元只释放血清素，却无法再吸收（药效的关系），使得神经突触中的游离血清素上升。这会激发两个效应：第一个是血清素分解酶加速分解血清素，导致突触间血清素总量下降，这能确保血清素不至于过量，引发其他不可预期的反应（例如幻觉剂效果等）；第二个是节后神经元的血清素受体因为无法承受过多游离血清素的刺激而向下调节（减少受体数量），这种情况会在连续用药四到八周后产生。之后，大脑的血清素系统的增强作用会下降，这可以帮助边缘型人格障碍患者增强自己的自我控制力，降低情绪风暴的强度。

血清素再摄取抑制剂（包括SSRI、SARI、SNRI①）经常使用于抗抑郁药物，但其他非血清素类的抗抑郁剂，例如：安非他酮②、阿戈美拉汀③等，用于边缘型人格障碍患者的情绪自我控制时，是否能有相同的效果，仍有待研究。

通常，临床医生会有依各自经验所形成的药物“独门秘方”，但至今仍没有边缘型人格障碍的特效药。请与医生好好讨论用药，并熟悉自己所使用的药物、了解每一种药物的副作用——特别要注意“发胖”这个副作用。因为体态的改变往往会恶化边缘型人格障碍患者的自我感与情绪，让心理问题更难以处理。所以，所用药物中若有可能导致发胖的药物，不妨询问医生使用该药物的利与弊，以及相关对策（例如：国外常采用“二甲双胍”〔metformin〕之类的药物来抵消精神药物的发胖副作用，而不只是一味叫患者去运动，不过这种药物可能需要自费）。

---

① SARI为“血清素拮抗剂和再摄取抑制剂”（Serotonin−2 antagonist/reuptake inhibitor）的缩写；SNRI为“选择性去甲肾上腺素再摄取抑制剂”（Serotonin Norepinephrine Reuptake Inhibitors）的缩写。

② 安非他酮（bupropion）是一种去甲肾上腺素及多巴胺再摄取抑制剂（NDRI）。

③ 阿戈美拉汀（valdoxan）则是褪黑素受体激动剂（MT2），与安非他酮同属于非典型抗抑郁剂，不影响血清素，避开了许多传统抗抑郁剂的副作用。

万一我有反社会型人格障碍，该怎么办

基本上，反社会型人格障碍患者很难有自我觉察，而且也不太可能愿意买书，以及有耐心慢慢阅读到这里。

我们会给你的建议是：直接到医院找医生进行诊断。

由于反社会型人格障碍并不是通过单次或几次门诊就能确诊的，所以你可能要有心理准备：医生会帮你安排临床心理咨询师以进行专业的心理衡鉴[①]，还会请你提供相关的过往数据以供佐证；另外，诊断会花费很长一段时间，才可以确定你是否患有反社会型人格障碍。

万一我有自恋型/表演型人格障碍，该怎么办

由于医疗系统对自恋型/表演型人格障碍给予的关注，远少于反社会型人格障碍与边缘型人格障碍，所以，医疗专业对自恋型/表演型人格障碍提供的服务，向来也少于另外两种人格障碍。

因此，如果你只是在自测中发现自己符合自恋型/表演型人格障碍的诊断，不一定要马上到医院就诊，而且医生面对这么主动且配合的“人格障碍患者”，可能也不知道该给予什么协助。毕竟，边缘型人格障碍患者会割腕、吞药、闹自杀、想开天然气与他人同归于尽……需要医疗资源介入；反社会型人格障碍患者会对别人产生危险、成为潜在的社会乱源，除了司法问题外，也需要医疗资源介入。至于自恋型/表

① 指利用各种数据搜集方式，描绘并解释当事人心理状态与行为的临床工作。

演型人格障碍患者，即便人格障碍让他变得天怒人怨、抛妻弃子、没朋友、人见人嫌而不自知，但惹人厌不犯法、厚颜无耻不犯法、没朋友更不犯法、自我感觉超级良好的人更不想自杀，除非是自恋型/表演型人格障碍患者以“作态性自杀”（把自杀当作达成某些目的的手段）来威胁亲友，否则医疗资源能介入的部分其实很有限。

你不妨先试着把诊断的问题搁下，回到自己生命中的课题。或许，寻求心理咨询师的协助是另一个不错的选择。

倘若你想确立诊断，不妨找临床心理咨询师进行心理衡鉴，比如可以通过医院的心理科、身心科诊所、心理治疗所寻求协助。

如果你希望解决问题，不妨直接找心理治疗师，进行心理治疗。治疗是一个需要长时间才能看出效果的历程，你得先衡量自己的经济状况，选择在负担范围内的治疗师。最快的途径，就是从到处林立的心灵诊所（心理治疗导向的身心科诊所）、心理治疗室中，寻找适合自己的治疗师。

第8章

我该如何协助身边的B型人格者

如果亲朋好友有B型人格，我该怎么办

1. 让他知道自己是B型人格者

绝大多数的B型人格者都有一种困扰：自己的行为不被了解，说出去，会被他人嘲笑；问医生，医生说你没病；吃药不会好；很多地方就是过不去。每天与以下几点特质为伍，却说不出自己到底怎么了：

一、失控的情绪

二、眼里全是自己

三、一切随时会幻灭

四、行动就是救赎

五、真实与虚幻只在一线之隔

六、孤独只是我的身影

通常，人们在知道问题所在的瞬间，会有种如释重负的感觉。因此，身为旁人的我们什么都不必做，光是让他们知道自己是B型人格者，就已经是帮上最大的忙了。

2. 好好讨论这样的特质

倘若你跟对方因共同生活或工作的关系，必须有密切的接触，而对方的B型人格特质也真的对你造成了困扰，不妨跟对方好好讨论看

看。或许，你们可以商议出一个彼此都能接受的做法。记得让他们知道：你针对的是他们的行为，而不是否定他们本人。

3. 鼓励对方走出来，适应这个世界

B型人格只不过反映了人格多样性中的必然性，并无好坏之分。然而，由于B型人格者在人群中所占的比例较小，被主流社会所冲散，有如孤岛上的岛民，彼此不知道对方的存在，因此更显得弱势：一方面缺乏学习典范，不知道怎么发挥自己所长；另一方面，所作所为容易遭到误解，被其他人污名化。

要解决这个问题，就必须设法让他们走出来，让大家认识B型人格；善用自己的优点、隐藏自己的缺点，与社会大众共存共荣，才是长久之计。只是，如果没有大家的鼓励与支持，要跨出这一步，坦白讲，并不容易。

如果亲朋好友有自恋型人格倾向，我该怎么办

1. 用最低限度的频率邀请他加入这个世界

适度发出邀请，让他有机会参与大家的活动，不要让他落单。基于自恋特质，他不会太喜欢面对真实世界的自己，使得你的邀请很有可能落空，但效果依旧会产生，因为对他而言，这样的邀请意味着外面的世界依然有人在意他，并没有遗忘他。你的行为如同打开他的世界，并垂降一条救命绳索。看着这条绳索，也许他不敢有所动作，但

内心其实还是会有点小小的骚动，犹豫着是否该拉住这条绳索爬出去。

邀请的频率无须太高，对于得到回复的期待也要降到最低，因为你有可能只是单方面不断提出邀请罢了。事实上，对于自恋型人格倾向者而言，太过热情反而是一种压力，很可能会以嫌恶来响应你。

2. 和对方的负面情绪保持同步

倘若他使用气焰嚣张的外表作为掩饰，那你也不必客气，可以跟着变冷淡，忠实反映出“你毕竟还是活在这个现实世界，别人并没有义务要看你的脸色生活”。但你依然可以在经过一段较长时间后，继续与对方联络，视情况决定是要提高彼此互动的频率，还是继续维持低频互动。

关键技巧在于情绪反馈的同步性。让对方明白你并没有恶意，但要是对你耍脾气，你可不会买单；他丢什么情绪出来，你便原样奉还，而且不会加收利息或罚金——最后这点很重要，你不能放大彼此的伤害，否则就会反过来变成你在宣泄自己的情绪，对彼此的关系毫无益处。

3. 不要把他们当成鸡蛋呵护，深恐不小心打碎

面对自恋型人格倾向者，你一样可以有情绪表达，不要太剧烈就好。一来，因为在B型人格者之中，他们的自我强度是相对较高的，平时的情绪表达对于他们的伤害影响也较小。在当下，他们的玻璃心也许会碎掉，但随着时间的流逝会慢慢黏合，恢复原状；前提是，你的

情绪表达必须是正常人能接受的尺度，不能太过分。二来，把自恋型人格倾向者当成“特殊人物”来小心呵护，会让他们很不自在，觉得自己被当成残废、异类、可怜且没用的人，反而更觉不满与愤怒。要是哪一天你终于按捺不住、无法赔笑脸时，累积的情绪一爆发，对双方的伤害更深。

4. 不要试图通过理性来“开导”对方

请不要幻想“自己讲大道理给他听，他大彻大悟，痛改前非，然后洗心革面，重新做人”这种情景——这是最要命的幻想，因为人格问题不是改变认知就能解决的。充其量，对方只能做到“心有余而力不足”，就像当事人们常说的：“道理我都懂，但我就是改不了。再跟我讲那些，我只会更气自己是个没用的人。”

人格问题是人性最深沉也最无力的情绪纠结，对方需要你的深度支持、谅解与同理，看见深藏在行为背后的真正意思，不要随便乱下断言。如果愿意给他时间，站在他旁边，他就有机会走出来。这是一场与时间的拔河，需要的是平常心与耐心，唯一不需要的，就是那些感人而美好的大道理。

5. 不要企图借由团体力量带动他、改变他

如同上一点，很多人也会有一种想法：把自恋型人格倾向者介绍给一群朋友，或是带对方到某个教会、参与某项活动，利用团体的力量，产生潜移默化的影响。

这种想法对边缘型人格或反社会型人格这类低自我强度的人格类型是有用的，但是对自恋型人格而言，恰好会造成反效果。想象一个画面：你把一张黑纸贴在一面白墙上，请问，这面白墙会把黑纸“潜移默化”得看起来比较白一点吗？还是因为有白墙做对照，让黑纸显得更黑了一些？当然是后者！当你将自恋型人格倾向者带到一群性格完全相反的团体当中，只会让他觉得更不自在，更觉得自己与别人的差异很大，并用嫌恶与贬低来抗拒他人的善意接近。结果就是他缩回内心“壳”的深处、更加以自我为中心，用傲慢和倔强与你找来的好心团体或朋友们打交道，或者根本不理会他们，让你两面不讨好。

6. 可以把对方想成正尝试走入社会的成长中的孩子

孩子的世界是完全以自我为中心的，在长大的过程中，他们得学会怎么接纳别人、共享这个真实世界，而友谊就是在这个阶段发展出来的。在与朋友互动的过程中，孩子会逐渐意识到，这个世界还有其他人存在，不能只顾自己，也得注意他人的感受。自己并不是宇宙的中心，就算没有自己，地球依然会转动；然而，如果多了自己的参与，世界会因此更加美好。

自恋型人格倾向者在这个阶段中停滞了，使得他们经常流露出来的情绪中包含：孤单、沮丧、脆弱易碎的外壳、过度放大自己的情绪、阴晴不定、活力随着当下的心情与自信而改变。我们所要做的，就是向对方展示自己的友善，欢迎他遵守这个世界的规矩，走出他那小小的自我内心，走进这个真实的世界。

如果亲朋好友有表演型人格倾向，我该怎么办

1. 不要随着对方起舞

由于表演型人格倾向者很能从表情读你的心思、演你想看的东西、说你想听的话，因此，你有可能被讨好到完全忘记自己是谁，也有可能被激怒到不可遏制，可能难过到痛彻心扉，更有可能高兴到忘记对方过去所有没兑现的支票。切记，把自己的情绪藏好，不要被对方的表演带走了你的感觉与想法。

要时时刻刻提醒自己：对方不过是在演戏而已，这一切都是虚幻的；当对方的表演结束，很有可能根本不认账。最常见的反应就是："我说过这种话吗？哦，你误会了我那句话的意思……"所以，你高兴什么呢？难过什么呢？生气什么呢？悲伤什么呢？对方根本只是下意识地在讨你欢心而已，连他自己都难以察觉，即便你日后追问，除了跟对方翻脸以外，你还能要求他做些什么呢？更何况，对方甚至不是恶意的。所以，与表演型人格倾向者相处的第一要务，就是知道对方只是逢场作戏，绝对不要被对方的表演带着走。

2. 在"聚光灯式同理"下，避免受伤害

表演型人格者愿意费尽心思拼命演出，细心呵护观众的每一丝感受；然而，一旦你不再是他的观众，抱歉，你对他而言就什么也不是。表演型人格者的同理心好比聚光灯，被他们照射到的时候，你会感觉无比温暖；当他们将灯光移开时，你则会感受到恍若从天堂掉入地狱

的寒意。

这是表演型人格者（即便只有此人格倾向者也是）最容易伤人的地方：前后落差之大，会让受害者彻底怀疑自己的判断力，甚至不敢再相信别人。千万别落入这样的陷阱，某种程度上，对方并没有说谎，因为他真的不是故意的。表演型人格倾向者可以在毫不知情的状况下，伤透了爱他或关心他的人的心。

解决之道是：直接把对方拉到面前，与他对质，让他明白你的感受。如果你不说，他就真的不知道；因为当他没注意到你的时候，就是一个毫无同理心的家伙，跟先前富有同理心的模样判若两人、落差极大，不必感到太过意外，更不要为此掉下难过的眼泪。

3. 不要隔着人群与对方互动

由于表演型人格倾向者非常具有煽动性，一旦身处人群之中，他就会开始兴奋，进入“表演状态”。这个时候的他，是即将粉墨登场的演员，根本就不是平时的他，不论跟他说什么，他满耳只听得到群众的呼喊声，根本听不到你说的话。想象锣鼓喧天中，乩童起乩[①]的模样——当表演型人格倾向者走进人群、被群众鼓动之后，就会宛如被附身般，这是高度受暗示的、冲动的、很夸张的，此时绝对不是一个理性的对话时机。

相似的情况也会出现在社群团体，例如Facebook粉丝页、Instagram、

① 乩童起乩是一种道教仪式。乩童是一种职业，类似西方的灵媒，是道教仪式中神明与人或鬼魂与人之间的媒介。而神明上身称为“起乩”。——编者注

直播平台。请记得，此时的他已经不是原本的他，而是表演中的演员。如果你尝试在这个时候与他互动，只会让自己充满愤怒或备受挫折，却徒劳无功。比较恰当的沟通时刻，是在光线明亮、场地开阔、人数不多、彼此都有足够安全感的私人聚会场合，例如开放式的咖啡座，就是一个很适合的聊天场所。

4. 面对顺境中的他，不要给予过多肯定

表演型人格倾向者的状态本身就很戏剧化，倘若他此刻处于得意状态，就会呈现出所有表演型人格的特质，包括：吸引别人注意、夸大的行为与情绪反应、挑逗性行为、暗示性与争议性行为等。如果你在不知不觉中成为他的“粉丝”，给予他过多肯定，只会让他更强化自己的戏剧化行为。如果你们的关系是他在乎的，那么，你的强化就会很重要，万一让他因此违背社会规范，开始说出无法自圆其说的夸大言词、许下无法实现的承诺，不等于是害了他吗？

如果你真的在乎他，就别在表演型人格倾向者处于顺境时给予过多肯定——事实上，多余的激情、没有必要的鼓励，会让表演型人格倾向者的自我过度膨胀，直到变成濒临自我崩毁的危险易燃物。

5. 面对初尝逆境的他，不要给予否定

如果最近他正好有些失意，那么，他会显得焦虑，急于回到原本的轨道，就像演员在舞台上临时出现状况，急着想把偏离主题的戏码圆回来。这时他的内心非常脆弱，如果你开始检讨他先前的做法，不

但对他毫无帮助，更与落井下石无异。他不但无法接受，反而会更强烈地想把一切掩盖起来。除了会让你们之间的冲突加剧，还会让他变得更急功近利，想走偏锋，怀着赌一把的心理，把先前的颓势给赢回来，结果只会让他失去更多。

或许你觉得，应该展示你的善意，继续给予他称赞与肯定，然而这种做法有其风险：如果他相信你的鼓励，他就会离事实越来越远，更难以面对真相；如果他不相信，那么听在他耳里，你所有的称赞与肯定都带有讥讽的意味。所以，最好的策略是不给予任何否定，但也不给予什么肯定或支持，就当成什么也没看见，静待他自己走出挫折。

6. 面对长期处于逆境的他，善用有条件的支持

最有意思的是，倘若他已长期处在失意状态，这时，他有可能会刻意演出一个落魄的自己，以凸显他根本不在乎这一切。这时，所有的支持都会变成一种默许，宛若你支持他继续这样颓丧下去也没有关系，如此一来，你又会变成他另一种负面形象的粉丝。

这时候，我们要化被动为主动，就像训练师对待表演中的海豚，每做出一个正确的动作，就马上给予一条鱼，在有条件的支持增强下，他会从一次又一次简单的练习中获得信心，再次走出来。

身处长期逆境中的表演型人格倾向者，会迷失自己的方向。这时候，你不能再当观众，得反过来引导他，仿佛你自己就是导演，通过一连串的指示与奖惩机制，“指挥”他走出来。

如果亲朋好友有反社会型人格倾向，我该怎么办

1. 理解对方的功利主义本质

反社会型人格倾向者即便不作奸犯科，但强烈的功利主义特质依然存在：该遵守的规则一定遵守，可以偷懒、蒙混过关的地方也不会跟你客气。对他们而言，贴紧规则的边缘，追求自己的利益最大化，是完全天经地义的事情，而且，不拿白不拿，丝毫没有什么羞耻心、罪恶感、良心发现等问题。

然而，既然是“人格倾向”而非“人格障碍”，就充分说明了对方在盘算社会规范、利害得失之间，的确具备足够的知识、智慧与能力，同时也会遵守理性判断。他们很清楚，如果破坏更多社会规范，可能会触犯更严重的法律，导致对自己更不利的局面。正是基于这个理由，他们才选择不伤害其他人。别忘了，他们从头到尾都是基于自身利益考虑，才做出这一切决定的，可不是为了什么更伟大的情操或情谊——如果你对此抱有希望，那么必然因此而失望。

与反社会型人格倾向者互动时，时时刻刻都得记住他们功利主义的本质，才不至于被他们的外表言语、谈吐、穿着、表现所迷惑。他们永远都是以自私为出发点的，只要知道这点，也就没有什么好害怕的了。

2. 不要轻言放弃自己的权利

就算你明白反社会型人格倾向者的功利本质，相处之初也许不会

有问题。然而时间一长，就有可能开始渐渐遗忘这个原则，而对他们有些不切实际的幻想：希望彼此的长时间互动能够使他们身上留存那么一丁点“人性”，诸如：互信、尊重、光明磊落等。然而，反社会型人格是一种持续而恒久的特质，并不会因短时间的良好感觉而有所改变。即便当事人从跟你的互动中学会了互信的美好，但是在下一次互动中，他依然会遵守人格中的本性，做出符合本性的举动。如果你对此有所希冀，那么必然会受到伤害。

在某种意义上，你必须放下身段，真正承认：反社会型人格倾向者遵守的是一套你不理解的功利主义法则，在物竞天择、适者生存的天地里，这套法则是有效的。固然，在一个物质与精神同样达到高度文明水平的社会中，一个有人性、重法治的社会可以达到更高的生产效率；然而，身处于一个文明水平不够的地方时，“只顾自己”或许是更有利于个体的选择。反社会型人格倾向者之所以能存在，也许就是因为现实社会的不完美，而非他们有什么“邪恶的本质”。所以，不要轻言想改造他，对方并没有任何义务，需要被你的信任所“感化”。

3. 不要被对方的鲁莽与冲动所伤

反社会型人格倾向者虽然有个功利主义特有的理性外表，但内在仍有情绪流动，偶尔会表露出来，变成冲动与鲁莽行为。

一旦出现，我们就会看见他们身上的“狼性”，这部分不是用理性可以理解的。你既无法用任何方式解释得通：他们为什么要冒这么大的险，做一些毫无利益的事？也不明白：他们何必把自己的粗野这么赤裸裸地呈现出来？然而，这就是他们本质的一部分，因为他们对“完人”本来就不够尊重，会出现这类行为也是合乎本性的。倘若你已经习惯了反社会型人格倾向者所呈现出来的为人处世圆融、得当的一面，当你见到对方鲁莽与冲动的另一面时，请不要忘记，这也是他们的本质之一。倘若你要与这样的人互动，这部分是你必须充分了解，且要有心理准备的。

4. 和其他亲友之间保持一致态度

反社会型人格倾向者会在很自然的状态下，去分化身旁的团体，即便知道自己面对的是对他友好的人们。他们会有选择地对某些人比较好，彼此结盟；对另一些人（人数通常远少于前者）比较坏，煽动其他人来攻击这些人。

由于人性有“围猎”的本质，打击共同敌人可以促进彼此的友谊，因此，反社会型人格倾向者很擅长在团体中找出“黑羊”[①]，吸引大家来攻击他，并借此与其他人建立良好的关系，即便这只是暂时的同盟关系。等到黑羊挂了，他们就会再找下一个受害者。

一般来说，反社会型人格倾向者很能看出原本就存在于团体中的矛盾。例如：这群亲朋好友中，大家本来就对某人（假设为A君）有微词，而反社会型人格倾向者在平日的观察下，会很敏锐地发现这点，并刻意拉拢其他人来攻击A君，让大家一同参与霸凌A君的过程，并借此建

① 黑羊是作者另一本书《黑羊效应》中的说法，指的是常常什么也没做，就无辜遭受周围人群攻击的、无助的受害者。——编者注

立自己的人脉与友谊，成为获利的最大赢家。

倘若团体中存在着两股敌对力量，例如小团体A与小团体B，反社会型人格倾向者也会很善于在两者之间周旋，对小团体B讲小团体A的坏话，对小团体A讲小团体B的坏话，并夸大自己的影响力，让自己变成双方都想拉拢的对象。只要A与B两个小团体争战不休，反社会型人格倾向者就能继续获利，而且不受拘束。

面对反社会型人格倾向者时，千万要小心，应该团结一致，彼此沟通流畅无阻，否则，会越接触，越被对方搞得一团乱。

5. 异性的高估与同性的贬低，面对他们时均需自我修正

很奇特，反社会型人格倾向者容易给异性留下较好的印象，认为他们是有创造力、有想法、追求自由、思考灵活、富有个人魅力的一群人；相反，对于同性而言，评价则明显较低，多认为他们狡猾、做作、故弄玄虚、不真诚、不坦率。

所以，如果是要去当说客，可以考虑找异性亲友去说服当事人；除了这种场合外，每个人也都应该视情况修正自己的评价与看法——有些时候明明是相同的作为表现，但解读就是截然不同。

多听听其他人的说法，不要一意孤行，这是在面对反社会型人格倾向者时的最佳态度。这不是“慧眼识英雄”或“狗眼看人低”的问题，而是一种因为人格特质造成的评价分裂问题。集思广益，才能保持持平之论。

万一亲朋好友有边缘型人格障碍，我该怎么办

1. 明白这是人格问题，并不是他故意捣蛋

边缘型人格障碍患者往往有一种特质：很容易激怒旁人，特别是关心者。而且，对他们越是用心，就越容易因他们而生气。

“强烈的愤怒与高度的关心并存”，可以说是面对边缘型人格障碍患者时的一个信号，倘若你身上出现了这样的现象，可能就得提高警惕了。之所以会有这样的反应，在于边缘型人格障碍患者通常会呈现出惹人怜爱的外貌，让旁人忍不住想伸出援手帮助他们。然而等你真的付诸行动后，就会发现：不管自己再怎么努力，一切都像白费力气似的——患者照样三天两头割腕、寻死觅活的。前一刻还跟你保证不会再做傻事，转眼间又情绪激动、当众大吼大叫、声称自己再也无法忍受；等到情绪平复后，又跑来跟你道歉，指天誓地，声泪俱下，一副深恐你就此放弃他的样子。只是，再多深切的保证、再多痛彻心扉的悔改，都无法阻止上述闹剧一再重演，你会感到自己不断失望、被掏空，紧抓着那一点点可能改变的尾巴，却不敢再抱有希望，又责怪自己这么做会不会太冷血。

要明白，边缘型人格障碍者是给不出一个保证的，他们经常被自己强大的恐惧感“挟持”，做出一些自己根本不愿意去做的事，又不敢拒绝你的请求。所以，当你硬拖着他们走向光明面时，他们根本不敢承认自己做不到，又不敢出声驳斥，只好勉强配合你的“好意”。他们并无意捣蛋，只是不知道怎么面对亲友们一厢情愿的“好意”罢了。

2. 明白他无法因你的大力协助，轻松渡过难关

了解缓解边缘型人格障碍是一场长期抗战，并不是一件轻轻松松就能完成的事情。在面对边缘型人格障碍这件事情上，人定胜天是没有任何意义的。诸如“完全看你自己愿不愿意，如果你真心愿意，一定可以做到”“只要你下定决心改变，全宇宙的力量都会帮助你改变”“这是你的责任，问题只在你愿不愿意承担，你不能逃避”“你要想想，我们多少人都希望你好起来，只要你愿意，一定可以”等此类的华美辞藻，只能感动亲友自己；对于患者而言，这跟讲空话一样，一点帮助也没有。

帮助别人，最优先的任务是要去了解对方的困难处境，而不是传达自己有多热心与真诚；深陷困局中的当事人并没有任何能力或义务要“体谅”你的奋斗与付出，并改变自己、让自己好转——因为这根本是他做不到的事，要是他可以，早就自己走出来了，不需要多你一个人来牺牲奉献。很多时候，有效助人的前提，在于克制自己的“自恋情结”，真正体会对方身上所受的痛楚：“边缘型人格障碍”这个病魔，并不会因为你的无私奉献，而失去它的可怕影响力，不要因此逼死当事人。

3. 了解当事人的关系障碍与相关思考逻辑

边缘型人格障碍患者的关系存在着障碍，他们很担心自己在意的对象突然不再在乎自己，而且这样的担忧已到了完全不理性的程度。

一般来说，边缘型人格障碍患者的关系障碍对象是男女朋友，但也有例外，比如对自己的朋友产生关系障碍。为了确保自己在意的对象仍然喜欢自己，他们会用各种方式去试探对方，而且，试探成功所带来的安全感时效甚短，过不了多久，又会开始担心，又需要再一次试探。

倘若不这么做，患者就会觉得害怕；但即便这么做，他们还是会觉得害怕，担心对方受不了自己频繁的试探而生气，跟自己断绝关系。结果进也不是，退也不是，把自己搞到焦虑无比。在患得患失之间，患者常常基于不存在的前提，推导出一大堆根本子虚乌有的结论，并因此被吓得半死或气得要命。例如患者会怀疑："对方如果不爱我了，那我为他准备这么多资料有什么意义？只是越看越难过而已，不如统统删掉算了！"等到删光之后，才意识到：对方根本没说不爱自己，一切只是自己的假设而已。但糟糕的是，文件已经统统被删掉了，于是患者又开始自责，同时担心对方生自己的气。

尽管患者会觉得自己的行为很可笑，但就是控制不了，而且不这么做也不行。甚至，他们会担心自己万一情绪上来、想不开的话怎么办。比如，有患者为此来求助："我一点也不想死，但是我担心万一我在情绪发泄时把自己杀了怎么办？"

倘若你能同理上述心情，你就能发挥很大的支持力量。事实上，根本不需要多说什么——多说多错，只需要静静聆听、肯定对方，不要附和对方的自责，光是这样就足够了。当然，你们之间的界限必须划分清楚，不要连自己也卷进去，公亲变事主[①]。

① 闽南语。"公亲"是调解人、和事佬的意思，"事主"是纠纷的当事者。——编者注

4. 患者对同性敌意较高，必要时可由异性陪同

有些时候，你帮不了患者，问题不在于技巧或态度，而在于性别“犯冲”：对边缘型人格障碍患者来说，由态度中立的异性来给予支持，通常会相对有效很多。倘若遇上这种情形，也只好承认生物的本能，找个能让患者接受的人出面比较好。当然，在这个情况下，千万要提醒异性安慰者，一定要注意分寸，不要逾越协助者的界线（我得提出警告：这种情形其实颇为常见，特别是，许多年轻的边缘型人格障碍患者都长得蛮漂亮的）。不管理由是什么，“以身相许”的结果，对患者必然有害无益，甚至会造成日后协助者的困难，因为患者很可能因此不再相信其他的帮助者。

5. 和其他亲友的态度一致

跟反社会型人格者一样，边缘型人格障碍者也是分化身旁亲友的超级高手，而且有过之而无不及。他们会有选择性地对某些人比较好，接受他们的安排；对某些人则态度恶劣，甚至到仇视的程度。最常见的情况是，全盘接受特定人物讲的话；要是换了别人，一概拒绝。

反社会型人格者分化人群、联合多数派欺负少数，是为了谋取自身利益；但边缘型人格障碍者的原因与动机却不一样，这是因为他们根据认知功能中抱持着“全好全坏”“非黑即白”的概念来为旁人打分数。凡是被他们认定为好人的，就是天使，所有的话都值得信任；被认定有瑕疵的，马上变成十恶不赦的大坏蛋，绝不原谅。所以，反社

会型人格者所分化出来的好人永远是多数（这样才能集合起来霸凌少数），但是边缘型人格障碍患者分化出来的好人通常是少数，因为任何“天使”一旦有了瑕疵，就会马上黑掉，变成“大坏蛋”，能继续在边缘型人格障碍者心中登上卫冕者宝座的，不会太多。而且，这些人会因此更珍惜自己的“殊荣”，对患者更加百依百顺，深恐自己一不小心就黑掉——其实，这正是边缘型人格障碍患者分化他人的动机所在。

因此，面对边缘型人格障碍患者的时候，亲友们必须更加团结一致、互通有无才行。不要因为被边缘型人格障碍患者授予“天使”的特权，就轻易被收买。的确，没有人喜欢自己突然黑掉的感觉，但是，千万要意识到，这是患者控制人心的伎俩啊！

6. 支持患者稳定就医

边缘型人格障碍患者通常要到四十岁后才能趋于稳定，在良好的治疗与充沛的资源条件下，这个转折有可能提前到三十岁就发生。然而，不管多少岁，对于当事人或身旁的伴侣来说都是一个沉重的负担。请设法支持患者，让他能稳定就医，并维持长期的治疗关系；最好能在药物与心理治疗上齐头并进；只是心理治疗的负担较为沉重，绝大多数的心理治疗技巧也不在医疗保障体系涵盖的范围内，所以，能否在心理治疗与咨询方面持续得到支持，得视个人状况而定，但在现今的医疗环境下，药物治疗是必然可得的，不要放弃这部分的协助。

虽然没有边缘型人格障碍的特效药，但有不少药物可以降低患者情绪的爆发性，进而减少不恰当的行为，如割腕、对人际关系有破坏性的暴怒行为等。

倘若患者的智商、受教育程度较高，背景资源也够，不妨尝试接受较积极的心理治疗，许多时候，患者身上会出现一些明显的改善——显著高于平均值，而且这种事情并不少见。

万一伴侣有边缘型人格障碍，我该怎么办

由于现实生活中经常见到伴侣中有一方是边缘型人格障碍患者，两人彼此相依深爱互骂憎恨，大吵小吵不断，却又难分难舍，纠结多年，不知道这段感情是否值得继续走下去，故特别加上本段说明。

虽然，很多书上都告诉边缘型人格障碍患者的伴侣，这样的感情是没有希望的，然而，实际上未必。感情是否值得维持与你们两个人的人格强度[①]的总和有关——倘若你的人格强度很高，足以弥补另一半的人格强度不足，那么，这段感情还是有办法维持的——虽然会非常辛苦，不过，情人眼里出西施，不是吗？

如果你有个边缘型人格障碍的伴侣，而你并不想分开，那么请务必记得一件事：内在情绪是最重要的资产；至于激情、无私奉献的爱、轰轰烈烈的爱、至死不渝的爱——全都会过度消耗自己的情绪，让你很快变得后继无力，走不下去，只能基于不甘心，死撑着这段感情，又爱又恨地与对方同行，不断分分合合，或是争吵不休又难分难舍。

由于伴侣会不断“借故”提高彼此之间的情绪张力，因此你的任

① 人格强度：指个体应对内外压力的能力。——编者注

务就是减少彼此可能发生冲突的“事件”。请记得，不是“吸收对方的情绪”，而是让彼此之间完全不要有“可发生冲突的事件”存在，更进一步，要从根本上对方内心的魔鬼没有可炒作的题材。避开所有的迟归或彻夜未归；每到一个地方，记得报告自己的行踪。别忘了，你的伴侣非常没有安全感，并不是因为不信任你，而是他没办法相信任何人，包括他自己在内；既然连自己都不信任了，就很难期待他能信任别人。这不是开玩笑，你只要从他眼前消失十分钟，他就可以从被你拥在怀中的安心小猫，一变而成怀疑你劈腿的狂暴狮子。这是他的人格问题，不是你做得够不够多、够不够好的问题。如果你要选择这条路，就得包容这样没有安全感的人格。现在有一些手机软件，可以通过卫星导航，把你一整天到过的地方绘制成路线图，并记录每个地方逗留的时间，你可以利用这类软件，向伴侣交代自己一整天的行踪。

不要太在乎他的伤人言语或发誓赌咒，那些全是气头上的话；你应该做的是倾听，并保持中立，不被这些伤人言语或誓言所影响，并继续执行你们在平静时刻决定好的计划，或你认为应该做的事，不带太多情绪。

或许他也想倾听你的心事，但他并没有能力听你诉苦，所以你的话语中只要一带有情绪，他马上会对号入座，认为是在指责他，结果就是你不断辩解，但他一直想跟你吵架。你得认清这个事实：他不会是你分忧解劳的对象，千万别找他发泄情绪——尽管事情跟他一点关系也没有。

他的情绪经常陷于低落状态，不知道自己活着有什么用，并担心你会因为嫌弃他对你毫无帮助而想甩掉他。你得很诚恳地把爱他的理由说给对方听——你总有自己的理由，请诚实地说，但是要挑对方能接受的话。谎言是大忌，即便是善意的谎言也是谎言，都是非常不恰当的。对边缘型人格障碍者而言，谎言所造成的伤害，可能是好几年都难以弥补的。说得更直白点，当对方发现你说谎时，就算他知道你是为他好，但内心一样会严重受创；你对他越重要，他越无法承受。原因很简单：如果你会对他说“善意的谎言”，那么“我爱你”之类的甜言蜜语，当然也可能是在可怜他之余说出来的“善意的谎言”，事实上你根本不爱他！

同样的问题也该问问你自己：你是可怜他？不忍心放下他？还是真的爱他？或者，你爱的只是有朝一日能改变的他？如果是后者，你可能得和他一起，投入更多耐心与成本在心理治疗上，并且明白，这是旷日费时的一项浩大工程，而且未必能成功。唯一能告诉你的“好消息”是：越能让伴侣做到下列几点，好转的希望就会越大。

一、尽可能减少割腕或其他自残行为。若是做不到，改用不留下疤痕或伤口的方式比较好。

二、尽可能减少饮酒、唑吡坦（zolpidem，一种短效型安眠药）的使用，不要使用大麻和毒品。

三、性爱可以释放压力，是个好的舒压策略，但不要沉溺于窒息式性爱（一种使用压迫颈动脉以求取快感的性爱技巧，有死亡风险）。

四、遵医嘱，服用血清素再摄取抑制剂或相仿药物，可以减缓情绪波动的幅度与频率（注意，一定要遵照医生嘱咐）。

五、注意身材，不要发胖。边缘型人格障碍患者本来就自觉能掌握的事情已经不多，倘若身材再走样了，遭受到的打击会很大。难以控制的体重增加常常出自医生开了一些可引起血糖升高的胰岛素抵抗（insulin-resistance）的药物。这类成分可能存在于二代抗精神病药物〔如氨磺必利（Amisulpride）〕、非典型安眠药〔如喹硫平（Quetiapine）〕中，甚至三代抗精神病药〔如阿立哌唑（Aripiprazole）〕也有。医生通常只会建议多运动，但针对发胖的问题，目前已有解药可使用。

六、尽可能坚持工作，或保持一个身份角色。如果不能全职，兼职也可以；如果无法承受就业环境，在家工作或担任志愿者也行——总之，要让自己的生活过得意义，并能与其他人互动（超过五人的固定对象，但不要是流动性的人群）。

七、如有相关的病友团体，且互动较为去病化（不以患有人格障碍为耻）与积极的，也可参加。

八、想尽各种办法，拖一年算一年。越接近四十岁，转折发生的希望越大；对于人格障碍拥有更多了解，并接受适当而有效的咨询或心理治疗，都有可能让转折提前发生。

万一亲朋好友有反社会型人格障碍，我该怎么办

如果你有亲朋好友是经过医院确诊的反社会型人格障碍患者，那我得说：事关重大了，问题不会单纯只有医疗问题而已，应该还会牵扯上犯罪史，甚至会希望你配合警方办案等。这部分，我会直接建议

各位配合医疗单位，做你该做的事情；否则以反社会型人格障碍患者的特质来说，是不可能自己乖乖去就诊的。会被诊断出来，不是因吸毒而被要求强制戒毒，就是在诉讼中因辩护需求所进行的精神鉴定，或是在监狱中被诊断出来，没有一件是好事。

如果你所谓的“亲朋好友是反社会型人格障碍患者”，是自己根据诊断规则而判断的，那么你必然陷入一个困境：很显然，某种程度上，你怀疑这位亲友已有某些犯罪者特质，又未必有具体的证据，可以指出他到底犯了什么法条。但你这种形式的“关心”不可能转变为具体行动，否则等同于你是在怀疑别人的品性或有非法行为。因此，我更具体的建议是：先把“反社会型人格障碍”的内涵弄得更清楚一点，再来做这样的判断。如前所述，我会建议你阅读中野信子所著的《病态人格》一书，那本书会让你对反社会型人格障碍患者的犯罪与反社会行为有更全面的认识，以免闹出笑话。

万一亲朋好友有表演型人格障碍，我该怎么办

1. 以自我保护为原则

表演型人格障碍患者在讨好你的时候，可说是无所不用其极；然而，在不需要你的时候，会毫无罪恶感地直接背叛或出卖你，态度之冰冷与绝情，完全超乎想象。最糟糕的是，他们无法意识到自己在干坏事。举个例子：有位太太发现，原本最宠爱她的老公突然态度极为冷淡地想跟她离婚，由于反差太大，让她错愕到根本无法觉得难过，

反而担心老公是否身患精神疾病。会谈时，我们才发现她的先生爱上了一位单亲妈妈，而且很显然带着同情的心态，因为对方年纪轻轻，丈夫就因车祸过世，还有一名年幼的女儿，经济状况不佳，来应征助理工作时两人结识。重要的是，她先生是因为这名单亲妈妈条件不足，不予录取，深感自责之下，才发展出这段关系。

表演型人格障碍患者就像一把锋利的刀，可以基于任何理由重重地伤害你，包括前面这个例子的利他行为——或根本没有理由，直接反咬你一口。霎时，温馨画面变成剧场中的冷漠布景，让人措手不及。

要接近表演型人格障碍患者，第一要务就是明白对方完全深信自己就是剧中角色。前后的矛盾不一致，只不过因为那是不同剧目的关系，你千万不要入戏太深，否则，幕起幕落，一切终将成空。

2. 不要指责对方虚伪

不要期待用一句指责把故事说破后，表演型人格障碍患者就会痛改前非，洗心革面，重新做人。

倘若你真的指责对方虚伪，对方的第一反应一定是："你在说什么？为什么我听得懂你讲的每一个字，但连起来之后却不明白你要告诉我什么？"

经过几秒或几分钟后，表演型人格障碍患者才会慢慢意会过来，开始觉得自己受到侮辱。因为他们自认为真诚待人，完全没有半点虚假；而你算老几，为什么要指责别人说谎？倘若你当众这样说，等于是要他的戏演不下去，公然轰他下台。

表演型人格障碍患者很容易让旁边的人觉得反感，甚至恶心，因为受够了他们虚伪、矫饰、做作、夸张、大惊小怪，以及见人说人话，见鬼说鬼话的作为。但在生气之前，请先想一想：指控对方虚伪有何意义？对方已经因为无法自我觉察，失去了多少真正的友谊与生活经历，这并非对方自己能决定的。你的指控既然不能帮助对方觉醒，那又何必把对方推开？

3. 不要挑动对方情绪

表演型人格障碍患者由于缺乏说服与鼓动他人的能耐（关于这点，自恋型人格倾向者就很强），因此，他们留给别人的印象，差不多是：

a. 情绪、行为反应的变化极快，夸张而不真实，宛若演戏一般。

b. 如果不能成为众人瞩目的焦点，就会非常不舒服。

c. 非常在意别人的目光，也会主动利用各种方法来引起别人的注意。

d. 容易用具有性暗示或挑衅的言行态度，与别人互动。

e. 经常说一些令人印象极为深刻的话，却缺乏实质内容。

f. 容易受暗示或煽动，但相对的，也擅长暗示或煽动别人。

g. 容易过度高估自己的亲和力，但实际上做不到。

你觉得自己能忍受上述几项特质呢？然而，上述七项正是表演型人格障碍患者生活的写照，如果你无法忍受，就得想个办法避开，至少要有个好对策能够让你随机应变，因为说不定对方就是你的配偶或老板。不要因为跟自己不一样，就直接反驳或打脸，挑起对方的情绪，届时对方可能会跟你没完没了。

4. 不要试图做深度同理

面对表演型人格障碍患者，除非你是专业人员，或对自己的沟通技巧很有把握，否则不建议进行深度同理。因为表演型人格障碍患者内在的创伤太深，无法由事业基础或人际关系得到补偿或慰藉，更不愿意以“真面目”示人；时间一久，他们也不知道哪一张脸才是自己的“真面目”。表演型人格障碍患者背后隐藏的是巨大的自卑感与不安全感。

倘若你对他们进行深度同理，就有如一位观众不安分地跑到了剧场后台，直击表演者退场后花着脸、疲惫、汗流浃背等诸多不堪。对于事事都想粉墨登场、以最好一面示人的演员而言，你觉得那样的见面会有多尴尬？实际上，结果往往就是不欢而散。

5. 尽可能鼓励或陪同他寻求心理咨询

表演型人格障碍跟自恋型人格障碍一样，都缺乏特定可治疗的药物，而且，在医学上的探索，远少于反社会型人格障碍与边缘型人格障碍，因此，不如改以“具体面对的生活问题”为出发点，求助于长期心理咨询，来得更实际且有帮助。

但正如先前所述，表演型人格障碍患者背后往往隐藏着巨大的自卑感与不安全感，要他们自己跨出这一步，实在有难处。比较务实的做法是，由亲近的人（通常是伴侣）陪同前往，减少他们的心理焦虑。至于会谈时，旁人是否该在场，治疗者自然会视实际情况告知。

万一亲朋好友有自恋型人格障碍，我该怎么办

1. 以自我保护为原则

自恋型人格障碍患者通常自我感觉良好，无视现实情境，我行我素；少数自恋型人格障碍患者则会颐指气使地使唤别人。然而更多的是通过抱怨、诉苦、否定别人等方式，间接要求别人听他们的话。无论使用何种方式，他们关注的都是自己；即便谈论的话题是别人，主题还是围绕在自己身上。由于缺乏同理心，亲朋好友若以常理相待，要不就是马上被他们激怒，要不就是遭到严重的情绪勒索。若有心与自恋型人格障碍患者互动，首先要保护好自己的情绪与感受，避免遭受到无情的攻击。

2. 不要试图点出对方狂妄自大或其他不合理之处

自恋型人格障碍患者缺乏自我觉察的能力，很难通过暗示觉察到自己的行为有什么不对；要是把话说得太明，患者又会进入自我防卫模式，认为你在刻意攻击他。在缺乏自我觉察与高度自我防卫的情况下，你的提醒将承受极高的被攻击风险。

职场中，就常发生患者把他的上司想象成恶意攻击者，于是通过各种方式来“正当防卫”，无论是在开会时当面驳斥、私下放话，还是离职后到处申诉、检举，目的都是要维护自己的“正义”。过程中，所有出面打圆场或指出他问题的同事，全部被他视为上司派来的走狗，让他更加坚信上司在无所不用其极地打压他，还击也就更加猛烈。

自恋型人格障碍患者很容易陷入这种一厢情愿式的悲愤攻击中。与其冒风险，直接指出问题，不如静待对方情绪自然冷却，反而可能出现转机。

3. 讲话时，要避免出现任何可能的威胁字句

有些时候，我们的用词里会出现可使自恋型人格障碍患者联想为“你在威胁我”的意思，但是跟说话者的原意一点关系也没有。举个例子，家人说：“你要用湿纸巾吗？不用的话，我要收起来了，要用，你再去柜子里找。”

这句话听在绝大多数人的耳里，是不会产生特别反应的。你心里会想：“要把湿纸巾收起来了，有需要的人赶快拿一张。”但听在自恋型人格障碍患者耳里，可就不是这样：“为什么要拿走？为什么非得现在拿？不可以等一下拿吗？你这样威胁我是没有用的！”

自恋型人格障碍患者通常是一个麻烦制造者，也是许多商家眼中极难伺候的客人。当自命不凡的自恋型人格障碍患者面对长期失意的状况时，心情已恶劣至极，此刻，这世界对他而言就是一个战场，人人都要排挤他、欺负他、占他便宜，连服务员都对他特别没礼貌，你说他要不要抗议闹事？同样的，身为亲朋好友的你，要是被误会成在威胁他，后果恐怕不堪设想。

4. 若想打断患者的发言，要善用转移注意力的方法

自恋型人格障碍患者很容易一开口，就口若悬河地讲个不停，完

全无视旁人是否还在听，或是已面露不耐之色——事实上，就算他知道别人已经很不耐烦，还是会讲下去。

直接打断，会引发他的强烈愤怒。比较聪明的做法是：在适当的地方帮他做结尾，并由你讲出来；或者把他的注意力引导到你想说的主题上，不要直接让他闭嘴，否则，自恋型人格障碍患者对你的不满会快速上升。

各位不妨把自恋型人格障碍患者当成长不大的小孩。试想，当小孩坚持要拿着手里的玩具不肯放下时，你会怎么做？跟他讲大道理吗？骂他吗？抢走玩具吗？大多数的妈妈都清楚一个方法，那就是转移注意力，叫孩子看别的地方。当孩子的注意力被其他事物吸引时，原本紧握在手中的玩具，也就能轻轻放下了。小孩如此，自恋型人格障碍患者也是如此。

5. 自恋型人格障碍患者是块试金石

一般而言，自恋型人格障碍患者很容易激发其他自恋型人格者的怒意，因此，与患者相处的时候，同时也是考验自己人格的好时机。倘若你发现自己容易被激怒，不妨多注意一下，看看自己是否也有自恋型人格的特质。

不管夫妻之间、朋友之间或同事之间，能吵得激烈，往往代表两人的性格高度相近，否则，我在意的你不在意，你在意的我不在意，这场架要怎么吵得起来？正因为双方人格特质相同，两人才会钻入同一个牛角尖，彼此不相让，吵起来特别凶。

6. 尽可能鼓励或陪同他去找心理咨询

自恋型人格障碍跟表演型人格障碍一样，都没有特效药，而且，与反社会型人格障碍及边缘型人格障碍相比，我们对于其成因与病理机制所知也相当有限。因此，我会建议直接寻求心理治疗或咨询的协助。

心理治疗或咨询的专业机构是个很好的长期协助窗口，比如心理咨询所或心灵诊所等。但光是建议与提供数据，对方是不会去的，试想：这样让自恋型人格者的自尊心往哪里放呢？我建议可以由家属陪同前往，以降低患者的焦虑；但不必待在会谈室里面，等会谈结束再过来即可。

后 记
B型人格的生命课题

“医生，好久不见，还认得我吗？”会谈室中，一名女子对我打招呼。

“一开始的时候，我们聊过：人生赢家，却总是为情所苦，对‘得而复失’过度恐惧——好快，去年的事，到现在都快一年了。”

“医生记性真好。”

女子告诉了我另一段故事：那次会谈结束后，当天晚上她便乘车回老家。她家是当地的政治世家，父亲多年担任县议员，就她一个宝贝女儿，年纪大了，一直想把政治资源传承给她，她激烈抗拒到现在。

“从小学开始，每隔几年，全家就要总动员，然后提心吊胆等投票。票数不好看，大家难过，我反倒觉得安心——最怕票全开出来的那一刻。就算选上了，有什么好恭喜的？过几年还不是一样要从头再来？万一落选，一下子从宾客盈门变成冷冷清清，看着我爸既落寞又想故作轻松的样子……我很难形容那种感觉。我只想逃，能逃多远就逃多远，我承受不了，太揪心。”

我静静地看着她。

“当你说到我人格中对于‘得而复失’的恐惧时，我忽然想到坐在竞选总部等开票的画面。我万万没想到，那么遥远，也那么不相关的事情，竟然会有条看不见的线绑在一起，而这一切，全藏在我的人格中！”

“所以，你决定回去面对。”

“其实也没有，我只撑了一个星期。”女子笑了，“我爸看我主动回家，吓呆了，以为发生了什么大事。我请我爸带我去拜访长辈，看得出来他很高兴，但还是有点紧张，拉着我妈，偷偷问我是不是被人……他老人家超丰富的想象力我没脸说出来。不过，一个星期后，不争气的我又逃回来了，那种场面我实在无法忍受。”

“看来，故事又回到了原点？结果什么也没能改变？”

“不，这么多年来，我被人格决定而不自知；现在开始，这是我的选择了。”

认识人格，就是认识自已，让人生之舵再次回到你手中。或许你未必能改变什么，但你能决定自己要穿越的命运险阻。

B型人格是常见人格中，影响最深远、处处可见、又普遍被忽视的一种，当事人往往处于矛盾、困惑、与其他人格格不入、让别人又爱又恨的处境中，又不知道如何随机应变与面对。

由于B型人格是如此的千变万化，反差极大，再加上衍生出来的四个子人格，差异性更是巨大，因此，要自我认识，实在是一件辛苦的事情，更是一生的功课。

希望本书能为有需要的人帮上一点忙。